涡轴 16 发动机型号合格审定丛书

涡轴 16 发动机系统审定 系统安全

高艳蕾　刘富荣　车巍巍　著

航空工业出版社

北　京

内 容 提 要

本书以民用航空发动机适航审定要求为背景，对 CCAR-33 部《航空发动机适航规定》中系统安全相关的发动机冷却、附件连接装置、引气系统、燃油系统、点火系统、滑油系统、液压系统、持续转动、安全性分析，以及系统和部件试验的历史演变、符合性思路、技术要求进行了研究和剖析。重点阐述了上述条款在涡轴 16（WZ16）发动机上的审定实践情况和面临的挑战，并对上述条款如何在后续的航空发动机型号上开展审查过程进行了展望。

本书可以帮助航空发动机适航审定人员和设计研发人员掌握系统安全条款的要求和符合性验证思路。WZ16 审定过程中形成的符合性验证思路和审查方法对于同类产品的取证过程具有借鉴作用，并对未来开展航空发动机的系统审定过程和经验总结起指导作用。

图书在版编目（CIP）数据

涡轴 16 发动机系统审定：系统安全／高艳蕾，刘富荣，车巍巍著 . --北京：航空工业出版社，2021.8
（涡轴 16 发动机型号合格审定丛书）
ISBN 978-7-5165-2140-3

Ⅰ.①涡… Ⅱ.①高… ②刘… ③车… Ⅲ.①航空发动机—系统安全工程 Ⅳ.①V23

中国版本图书馆 CIP 数据核字(2020)第 266087 号

涡轴 16 发动机系统审定　　系统安全
Wozhou 16 Fadongji Xitong Shending　　Xitong Anquan

航空工业出版社出版发行
（北京市朝阳区京顺路 5 号曙光大厦 C 座四层　100028）
发行部电话：010-85672663　010-85672683

三河市航远印刷有限公司印刷　　　　全国各地新华书店经售
2021 年 8 月第 1 版　　　　　　　　2021 年 8 月第 1 次印刷
开本：787×1092　1/16　　　　　　　字数：229 千字
印张：9.75　　　　　　　　　　　　定价：76.00 元

丛书序

　　航空发动机具有能量转化密度高、结构形式复杂、系统综合特性突出等特点，其研制难度是不言而喻的。而民用航空发动机要长期进行商业运行，安全性、寿命、派遣率、环境保护等方面的额外要求使得其适航工作的难度更加突出。当前能够完整进行民用航空发动机研发制造的只有极少数几个国家，民用航空发动机已成为当代尖端技术的标志，现代工业皇冠上的明珠。作为安全运行的必由之路和商业成功的法定前提，适航审定及其能力是一个国家科技实力和综合国力的集中体现，是民用航空核心竞争力的重要组成部分。

　　为了全力支持民用航空工业的高质量发展，促进国家大飞机、发动机等重点型号适航工作进展，服务国家制造业战略转型，保障民航强国、制造强国目标的顺利实现，2016 年 9 月中国民用航空局（CAAC，简称民航局）决定启动适航审定中心组织机构改革，成立中国民用航空适航审定中心（简称适航审定中心），统筹适航审定专业技术和人才资源，着力破解国家适航能力建设的难题。成立伊始，适航审定中心就深入贯彻落实民航局党组"一二三三四"新时期民航工作总体思路，坚实打造"专职、专业、专家"审定队伍，系统深化审定能力。在发动机审定领域，开展了对发动机适航条款的深刻解析，显性表征技术内涵和实质要求，形成了适航要求解读的系列丛书。"纸上得来终觉浅，绝知此事要躬行"，在深入掌握条款安全意图的基础上，适航审定中心团队在民用进口发动机型号认可审查和国内民用航空发动机型号合格审查两个领域充分实践，积累经验。在对多型民用进口发动机认可审查工作中，精准突破，识别了压气机转子叶片裂纹、风扇机匣耦合振动、发动机吸雨推力退化评估等多项设计缺陷所导致的不符合性问题和安全隐患，尽心尽责把好适航审定安全关。适航审定中心团队依法依规依章审定、有理有据有节评审的工作，赢得了国际同行的尊重，也显著提升了适航审定中心系统的影响力。认可审查毕竟是在国外适航局方已完成适航审查基础上的技术再判断，而对国内民用航空发动机型号合格审查才是对适航审定中心团队能力的全面检验。涡轴 16（WZ16）发动机是中法联合研制，中国民用航空局和欧洲航空安全局（EASA）各自独立审查的型号。面对首个全新的民用发动机型号设计的适航审定，又叠加符合性证据确认等国际合作型号特有的管理问题，注定了涡轴16发动机的适航审定和适航取证是一条光荣的荆棘路。自2010年4月29日申请人东安公司递交涡轴16发动机型号合格审定申请书以来，适航取证、适航审定工作在坎坷中前行。犯其至难，图其至远。面对长期未解决的"硬骨头"，适航审定中心团队迎难而上，在民航局的领导下，主动担当作为，创新工作模式，严守安全关口，与申请人共同解决了适航符合性验证中出现的各种技术和管理难题。最终，涡轴16发动机型号于2019年10月8日获得型号合格证，成为我国首款严格按照《中国民用航空规章》33部《航空发动机适航规定》（CCAR-33）和型号合格审定程序完成正向研发和取证全过程的民用航空发动机型号。

实践是审定理论升华为审定能力的唯一途径。涡轴16发动机型号的成功取证是我国民用航空发动机发展史上的一个里程碑，不仅攻克了发动机动应力测量试验、初始维修检查试验、防火试验、进气系统结冰等一大批关键试验的审定技术，探索出了国际合作型号的审定路径，还培养了一批具有国际视野的适航审定人才。最为宝贵的是，在整个过程中所积累的大量民用航空发动机适航审定实践经验，具有很强的指导意义。此套《涡轴16发动机型号合格审定》系列丛书正是这些实践经验所凝练出的精华，对确定审定基础、制订符合性计划、开展符合性审查、处理技术难题等方面进行了细致总结，既有对民用航空发动机审定独到的科学见解，又蕴含了对适航审定政策和审定方法的思考和建议，对启迪未来，进一步提升审定能力提供了重要参考。

我国民用航空事业正从高速发展向高质量发展转段晋级，多个重点型号项目正在规划并实施，对适航工作提出了更高的要求。适航审定中心作为专业的机构，所建立的"三专"团队，将立足国内航空型号审定，深入实践，探索创新，不断提升适航审定能力。构建世界一流水平的适航审定体系、能力和队伍，实现与美欧比肩"三足鼎立"，是党和国家赋予我们的崇高使命。重任千钧惟担当，适航审定中心的所有同志责无旁贷，必将殚精竭虑，在建设民航强国、制造强国的新征程中做出新的贡献。

沈小明

2021年7月

《 前 言 》

《涡轴 16 发动机系统审定》由中国民用航空适航审定中心筹划和组织编制，共分《涡轴 16 发动机系统审定 系统安全》和《涡轴 16 发动机系统审定 控制系统及软硬件》两册。《涡轴 16 发动机系统审定》的编制基于中国民用航空适航审定中心系统专业团队条款研究和国内外型号适航符合性审查经验，结合涡轴 16 发动机多年的审定经验整理而成，内容涵盖典型航空发动机系统审定技术综述、涡轴 16 发动机系统审定策划和实践、在审定实践中的挑战和应对、收获和展望等。本丛书系统分析了典型航空发动机适航要求与产品技术的发展变化关系，以 CCAR-33 部为主线阐述条款符合性思路的形成过程、提出符合性技术要求，从系统功能和验证角度，结合适航技术和标准的发展，阐述涡轴 16 取证历程。《涡轴 16 发动机系统审定 系统安全》概述了航空发动机冷却、引气、附件传动、燃油、滑油、点火、液压作动等专业审定、系统安全分析方法和审定要求，以及系统与部件验证策划和审定要求；《涡轴 16 发动机系统审定 控制系统及软硬件》概述了航空发动机控制系统及其软硬件的专业审定，以及控制系统功能可靠性和软硬件过程保证审查要求。《涡轴 16 发动机系统审定》的出版可为我国民用航空发动机研制和适航取证提供良好借鉴。

《涡轴 16 发动机系统审定 系统安全》共 5 章，第 1 章绪论，包含系统专业审查特点、规章要求和技术方法；第 2 章典型航空发动机的系统审定技术，包括 CCAR-33.21 发动机冷却、33.25 附件连接装置、33.66 引气系统、33.67 燃油系统、33.69 点火系统、33.71 滑油系统、33.72 液压作动系统、33.74 持续转动、33.75 安全分析和33.91 发动机系统和部件试验；第 3 章涡轴 16 发动机系统审定策划和实践，包括空气系统审定、燃油系统审定、滑油系统审定、点火系统审定、附件传动系统审定、持续转动审定、安全分析审定、部件试验审定和系统专业与其他专业的协调；第 4 章涡轴16 发动机审定实施过程中的挑战和应对，包含安全分析、系统部件验证、燃油系统、滑油系统和附件传动系统；第 5 章收获和展望，包括增强系统与部件试验策划能力、提升系统安全评估能力和制定限制把好安全运行关。

本书由适航审定中心系统审定室高艳蕾、刘富荣和车巍巍编制。

由于编者的水平有限，书中的不妥之处，希望广大读者提出批评和改进意见。请将您的意见邮寄至中国民用航空适航审定中心，北京市朝阳区花家地东路3号，邮编100102。

最后感谢为《涡轴16发动机系统审定》付出辛勤劳动的适航审定中心及航空工业出版社的同志们。

编 者

2020年9月

目　　录

第 1 章　绪　　论

　　航空发动机型号合格审定的过程，是申请人按照适航规章的要求设计发动机，赋予其适航属性，通过制造实现、验证表明，全面展示符合性的过程。从专业角度来看，航空发动机的型号审查工作通常可以划分为系统审定、结构审定和集成审定，其中系统审定主要涵盖发动机系统安全、燃油和控制系统、滑油系统、点火系统、液压系统、冷却系统、引气系统、指示系统、液冷系统（活塞式发动机）、系统连线，以及电子控制器软硬件的审定。

1.1　审查特点

　　典型航空涡轮发动机的系统由电子控制系统、燃油系统、润滑系统、点火系统、空气系统、引气系统、液压作动系统、附件传动系统及仪表系统等组成。发动机系统审查是以上述系统组成为审查对象，以对象承接的功能为主线，结合需求捕获、确认、验证正向开发过程，通过研制保证过程的实施来确保条款的符合性和系统的安全性。

　　发动机电子控制系统通常包括电子控制器软硬件、健康监视单元、专用电源、电缆线束、转速传感器、压力传感器、温度传感器、燃油计量装置、控制阀等。控制系统通过接受飞机控制指令，实现发动机的起动停车推力控制，确保发动机在预期的工作环境下正常工作，不出现超转、失速、推力振荡，并在各种可能的失效和故障情况下（包括自身失效和外界的失效），仍能确保发动机工作正常或不发生危害性事件，并为飞机提供必要的仪表指示，包括但不限于振动指示、超温指示、超压指示及滑油指示等。

　　发动机燃油系统主要包括燃油泵、油滤、旁通阀、计量装置、燃油管路和喷嘴等，该系统的主要功能是为发动机燃烧室提供合适的燃油进行燃烧，提供推力。一旦燃油作为液压油时，为发动机中的可调静子叶片（VSV）、可调放气阀（VBV）、涡轮机匣冷却作动器（TCCA）等提供液压油，也可以对滑油进行冷却。燃油系统一旦失效，发动机可能无法正常运行而停车。

　　发动机滑油系统主要包括滑油泵、油滤、旁通、磁性屑末检测器等部件，用于对发动机内部相对运动的零部件（如轴承、齿轮和花键）之间的接触面进行润滑，从而降低相对运动带来的摩擦损失和零部件的磨损。滑油系统一旦失效，发动机内的轴承和齿轮等可能发生严重碰磨，导致部件失效，影响发动机正常运转。

发动机点火系统主要包括点火激励器、点火电路、点火电嘴等部件，用于点燃发动机主燃烧室或加力燃烧室内的燃油混合气体，为发动机提供推力。点火系统一旦失效，发动机将会停车。

发动机空气系统是从压气机引气，流经盘腔、孔、缝、管路等部件用于涡轮盘、叶片等热端部件冷却、轴承腔封严、轴向力平衡等功能的一组气路的集合。发动机冷却的实现主要是通过发动机的空气系统给发动机中的涡轮转子等热端部件进行冷却，通过燃滑油散热器或空气滑油散热器对滑油进行冷却，通过飞机短舱的通风设计对发动机外部机匣和附件进行冷却。冷却功能一旦失效，涡轮转子、机匣、滑油，以及外部部件和附件均可能处于超温状态，影响部件安全运转和寿命。

发动机引气系统主要是通过引气口从发动机压气机中引气，用于客舱增压、通风和机翼防冰等。引气系统一旦失效，将会影响发动机以及飞机安全性。

发动机附件连接装置主要是将燃油泵、滑油泵、液压泵、起动机、发电机、传感器等附件通过附件连接装置与发动机本体进行连接，为发动机运转提供必需的燃油、滑油、液压油、控制信号、电源、起动的点火，为飞机运行提供必需的电源、液压油和扭矩等。一旦附件连接装置失效，发动机可能无法继续运转，也会影响飞机正常运行。

1.2　规章要求

适航源于公众的安全性需求，现有适航标准代表航空发动机进入民用航空市场的最低安全标准和环保标准，它反映的是经证实的成熟的技术，适航标准的制定和修订是通过长期实践经验的积累，吸取历次飞行事故的教训，经过必要的验证或论证及公开征求公众意见而形成的。针对航空发动机目前主流适航当局的航空发动机适航审定规章有中国民航局《航空发动机适航规定》（CCAR-33）、美国联邦航空局《航空发动机适航标准》（FAR33）、欧洲航空安全局《航空发动机审定规范》（CS-E）等，适航规章是开展发动机型号合格审查，确认型号产品适航的审查依据。CCAR-33部第33.21条发动机冷却、第33.25条附件连接装置、第33.28条发动机控制系统、第33.29条仪表连接、第33.66条引气系统、第33.67条燃油系统、第33.69条点火系统、第33.71条滑油系统、第33.72条液压作动系统，以及第33.91条发动机系统和部件试验等条款针对发动机系统提出了最低安全要求。第33.74条持续转动和第33.75条安全分析从系统安全的角度，提出了发动机失效状态的识别、定性和定量评估的要求。第33.74条持续转动要求发动机在空中停车后，任何发动机主转动系统由于风车效应或机械效应而继续转动的情况，不能造成发动机危害性影响。第33.75条条是规章中对整机提出的系统、全局性安全考虑的条款，涉及整机、系统和零部件，要求针对所有影响发动机的失效状态利用风险评估的方法加以识别，根据失效导致发动机后果的程度，定义不同的等级，基于风险管理的思路，将影响后果危害程度高的失效控制在

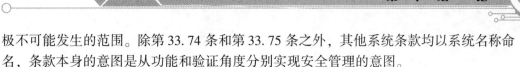

极不可能发生的范围。除第33.74条和第33.75条之外，其他系统条款均以系统名称命名，条款本身的意图是从功能和验证角度分别实现安全管理的意图。

1.3 技术方法

20世纪初引入适航以来，源于公众的安全性需求，适航已成为航空技术发展的强劲动力，同时也促进了随之诞生的适航技术的快速发展。适航技术是用来检验航空产品是否达到适合航行的要求，是一门管理科学，更是一门技术。它包含适航设计制造技术、适航验证技术和适航审定技术，涉及多学科交叉，是科学研究与工程应用紧密结合的一门技术。

发动机系统审定涉及的适航技术和方法主要有发动机安全分析的技术，功能危害性、故障树、故障模式影响、蒙特卡罗等安全分析方法，系统级和整机级高能辐射场、雷击间接效应分析方法和试验技术，电子控制系统的限时派遣分析技术和方法、LOTC/LOPC分析方法、局部事件分析方法、电子控制器过热和防火分析方法和试验技术，发动机系统和部件环境试验技术和分析方法，如高速旋转部件转子包容性分析和试验方法、承压部件压力循环试验方法、部件恒加速分析和试验方法等。

从适航标准规章要求的实质上看，表明条款符合性涉及的技术和方法通常是工业界、行业内相对成熟的技术和方法，不仅需要有型号应用，同时还需要有较长的稳定的使用经验。对比国内外适航技术和规章发展情况，不难发现西方发达国家经过百年的工业实践已形成较为完善的适航设计、验证和适航审定体系，在适航技术研究上，无论是从新技术、新材料和新工艺应用的牵引，还是源于公众对安全性日益提高的需求，通过不断引领行业开展相关研究，极大地促进了航空器安全水平的提升。我国从20世纪80年代末引入适航管理，30多年的发展经历了从无到有的过程，但是受制于国内航空技术的整体发展水平，适航设计与验证体系和适航审定体系并不完善。适航技术研究方面，我国由于长期缺乏工业实践和与之配套的审定经验，一直没有形成与航空工业现状以及未来发展相适应的适航技术知识储备。发动机系统在表明符合性和审查方面都存在诸多难点，主要体现在发动机系统安全分析假设验证、故障逻辑判断、失效率数据有效性、控制系统研制保证符合性方法、单粒子效应影响分析方法、电子控制单元过热和防火分析方法、HIRF和雷击间接效应分析和试验方法及其判据、燃油瞬态结冰、燃滑油固体污染、滑油姿态、滑油中断试验验证技术等。

本书从典型航空发动机系统审定技术出发，结合涡轴16发动机系统审查特点、审定策划和实践，总结出我国涡轴类发动机适航审定的方法，并对今后开展相应的适航审定技术和验证技术提出展望。

第 2 章　典型航空发动机的系统审定技术

本章将从系统审查规章条款要求着手，分析产品和技术特点引发的技术要求的变化，以符合性思路的梳理为方法明确条款验证的技术要求。针对设计类条款开展分析、类比的符合性方法系统研究，对比分析国外咨询通告、修正案和取证资料，反演制定规章背后的技术机理；针对试验验证类条款要求，开展零部件试验、台架试验、分解检查、环境试验等符合性方法的安全性考核机理研究，对比分析国外咨询通告、修正案和取证资料，梳理形成试验验证适航审定技术要求。

航空发动机的适航规章为 CCAR-33 部《航空发动机适航规定》，其中航空涡轮发动机系统安全适航审定涉及的条款主要有：第 33.21 条发动机冷却、第 33.25 条附件连接装置、第 33.28 条发动机控制系统、第 33.29 条仪表连接、第 33.66 条引气系统、第 33.67 条燃油系统、第 33.69 条点火系统、第 33.71 条滑油系统、第 33.72 条液压系统、第 33.74 条持续转动、第 33.75 条安全性分析，以及第 33.91 条系统和部件试验。本章详细阐述上述条款的历史演变、符合性思路和技术要求，其中发动机控制系统和仪表连接专题参见《涡轴 16 发动机审定——控制系统及软硬件》。

2.1　CCAR-33.21 发动机冷却

2.1.1　条款原文

发动机的设计与构造必须在飞机预定工作条件下提供必要的冷却。

[1988 年 2 月 9 日初版]

2.1.2　条款要求演变

发动机冷却条款历史悠久，最早产生于《美国联邦航空条例》33 部（FAR33）的前身美国民用航空条例 13 部（简称 CAR13）时期，并在 CAR13 部时经历过一次修订（主要是文字表述的更改）。1965 年美国联邦航空局（FAA）对条例进行了大规模的修订，结合航空工业的发展，将 CAR13 部重新编制为 FAR33 部。从 1965 年 FAA 第一次颁布 FAR33 部至今，发动机冷却条款没有发生任何变化。

2.1.3　产品和技术变化

随着航空发动机的不断发展，推力不断增大，燃气温度不断提高，发动机热端部件的温度也不断增大，为了保障热端部件的正常工作和寿命，就对发动机的冷却不断提出要求，设计合理的冷却保证热端部件等需要冷却的部件在温度限制内正常工作。活塞式发动机主要采用滑油和冷却液对汽缸、活塞和齿轮等进行冷却，采用冷却液对滑油进行冷却，采用风冷对发动机外部附件进行冷却。随着涡轮发动机的出现，涡轮发动机的冷却技术和活塞式发动机的冷却技术不同，需要冷却的部件也完全不一样。涡轮发动机一般从压气机引气来对涡轮盘、叶片、机匣等热端部件进行冷却，采用滑油对齿轮、轴承等进行冷却，采用燃油对滑油进行冷却，采用短舱通风对外部附件进行冷却。

申请人在表明规章要求时，需要对冷却热端部件、滑油以及外部附件的冷却技术进行设计说明，并通过分析计算和试验的方式表明冷却设计的合理性。

2.1.4　符合性思路

针对涡轮发动机，条款实质要求是对发动机提供必要的冷却，主要包括对发动机内部热端部件（如涡轮转子、静子、轴和涡轮机匣等）的冷却、工作流体（如滑油）的冷却以及外部部件和附件（如机匣、EEC、点火激励器、传感器、燃油泵、发电机等）的冷却，从而保证发动机的热端部件、工作流体以及外部附件均工作在温度限制值内，使得发动机部件在其设计寿命和/或检查时限内的完整性得到保证。

满足条款要求的可接受的符合性方法包括设计说明、声明、计算分析、整机试验和飞行试验或地面试验。

设计说明：详细描述发动机冷却系统的设计特征和工作原理，包括内部热端部件的冷却设计、工作流体冷却的设计以及外部附件的通风冷却设计。

声明：在发动机安装和使用说明手册中对滑油温度限制值和外部附件正常工作温度限制值的声明。

计算分析：通过经验证的计算分析，表明内部冷却系统对热端部件提供了必要的冷却，确定全工作包线范围内对发动机冷却系统最严苛的关键运行条件。需要对采用的分析方法进行验证。

整机试验：通过发动机整机试验（包括专门的发动机冷却验证试验，发动机冷却和通风试验，结合 150h 持久试验、发动机超温试验、高空台试验等），验证在全工作包线范围内，发动机内部冷却系统的设计能使得发动机内部高温部件正常的工作并满足可靠性和寿命要求，滑油不会超出安装和使用手册中规定的限制值要求，外部部件和附件的工作环境温度不会超过安装和使用手册中规定的限制值要求。

飞行试验或地面试验：验证在全工作包线范围内，发动机外部冷却系统设计能确保发动机外部部件和附件的工作环境温度，不会超出安装和使用手册中规定的限制值要求。如果对于发动机外部附件的冷却是飞机方负责，可以不进行飞行试验，将发动机附件的温度限制值写入安装和使用手册中。

综上所述，发动机冷却的符合性路径图如图 2-1 所示。

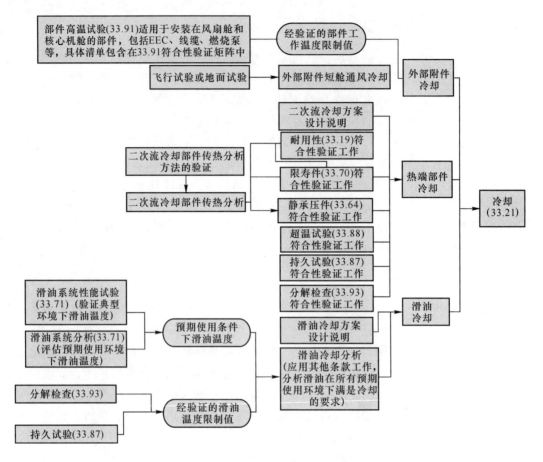

图 2-1　发动机冷却符合性路径图

2.1.5　符合性技术要求

根据上述的符合性思路及路径图表明 33.21 发动机冷却的符合性时，关键的技术就是进行二次流冷却部件传热分析和飞行试验。下面重点介绍以下这两个符合性方法的技术要求。

2.1.5.1　二次流冷却部件传热分析

（1）进行发动机二次流冷却部件传热分析，对燃气涡轮导叶、燃气涡轮盘、动力涡轮盘，以及高压涡轮机匣等发动机热端部件进行温度场计算，通过将计算结果传递给第 33.19 条、第 33.70 条、第 33.64 条的符合性验证工作，来间接证实发动机的设计和构造在飞机预定的工作条件下需要提供必要的冷却，并且在提供必要的冷却后，发动机热端部件温度在材料安全使用范围内。

（2）对二次流冷却部件传热分析进行校验。对燃气涡轮导叶、燃气涡轮盘、动力涡轮盘，以及高压涡轮机匣等发动机热端部件进行示温漆试验或其他试验，通过试验得出的温度场结果验证各种热分析计算方法，并对其进行校准，确保计算方法的可靠性。

2.1.5.2　飞行试验或地面试验

飞行试验或地面试验主要是验证外部附件在预期飞行使用环境下温度不超限。

（1）确定飞行或地面环境中的严苛工况，需要考虑发动机运行包线、典型任务剖面和温度场计算分析。温度场分析需要考虑冷却的换热特性、材料物理特性以及热源等影响。另外，需要对温度场分析方法使用的工具和特性进行验证。

（2）在严苛环境下进行飞行试验或地面试验，重点关注测点位置的布置，如果有试验改装，需对改装的影响进行评估。另外需要对试验测量的结果进行合理的修正。

2.2　CCAR-33.25 附件连接装置

2.2.1　条款原文

发动机在附件传动装置和安装构件受载的情况下，必须能正常地运转。每一个发动机附件传动装置和安装构件必须具有密封措施以防止发动机内部的污染或来自发动机内部的不可接受的泄漏。要求用发动机滑油润滑外部传动花键或联轴节的传动装置和安装构件，必须采用密封措施以防止不可接受的滑油流失和防止来自封闭传动连接件腔室外的污染。发动机的设计必须能对发动机运转所需的每个附件进行检查、调整或更换。

［1988 年 2 月 9 日初版］

2.2.2　条款要求演变

关于附件传动的要求最早出现在 1937 年美国 CAR13 部原版中 13.8 条。当时主要要求是通过持久试车考核的安装附件。1941 年 CAR13 部第 3 次修订时，重新编排了整部规章，并修改了发动机附件的相关要求。当时将发动机安装节和附件连接合并一个条款，可见当时对于附件连接的主要要求还是考核附件与发动机连接的接头强度以及为了便于检查、调节和拆卸的结构设计要求。在 1952 年 CAR13 部第 5 次修订时，重新编排了整部规章，由于涡轮发动机出现，修改了发动机附件传动的相关要求。相对上一次版本，将发动机安装节的内容单独划分出去，本条专门针对发动机附件连接，主要要求是对附件与发动机接头以及附件驱动部分的结构和强度设计要求。1965 年 FAA 第一次颁布 FAR33 部，发动机附件连接装置的内容与之前的 CAR13 部中内容要求一致，没有实质性变化。由于涡轮发动机的大量出现，FAA 认为现有规章与工业发展已不相适应，所以决定修订 33 部等规章，以此对于出现的新技术进行安全管理。经过梳理，FAA 认为目前的 33.25 条对于供飞机使用的部件相关的限制载荷并未明确要求，且相关部件与发动机隔离的要求也未明确，另外对于附件传动失效模式，例如，可能掉入发动机或导致滑油泄漏等模式也未进行考虑。因此在 1974 年 33-6 修正案中对 33.25 条进行了修订。然而在执行过程中发现许多飞机安装的要求与发动机设定规章重复，给申请人带来了额外的负担，所以在1984年33-10修订案中，FAA通过修订明确航空器和发动机各自的工作范围和责任，尽量避免重复性的工作给申请人带来额外负担。

2.2.3 产品和技术变化

随着涡轮发动机的出现，附件连接装置的作用和设计发生了很大变化。活塞式发动机的附件连接装置主要是曲轴通过齿轮、飞轮和皮带与燃油泵、滑油泵、水泵、起动机和发动机等附件进行连接。而涡轮发动机则主要通过中央传动齿轮箱、传动齿轮箱和附件传动齿轮箱三个单元体组成。中央传动部分从高压转子提取功率，通过径向传动杆将功率传递至传动齿轮箱；传动齿轮箱调节转速转向，将功率传递至附件传动齿轮箱，附件传动齿轮箱为飞机和发动机的燃油泵、滑油泵、起动机和发动机等附件提供安装结构和驱动。

申请人在表明条款符合性时，需要对附件连接装置进行设计说明，并通过计算分析和试验表明附件连接装置的耐久性和强度要求。

2.2.4 符合性思路

条款的实质要求就是申请人在进行发动机附件传动系统设计时，根据附件传动系统的功能，确定传动系统的设计应能够承受各种环境条件并在飞行包线内，具备足够的承载能力，确保传动系统可承受各类载荷。确定传动系统各部件的失效模式以及其后果，对于传动系统中属于发动机构型的部件，确定其失效不会对发动机产生危害性影响，对于属于飞机构型的部件，确定其应尽量对发动机停车造成较小的影响。发动机附件传动装置必须具有密封措施，以防止滑油过度泄漏和对发动机滑油的污染。用发动机滑油润滑外部传动花键或联轴节的传动装置和安装构件时，必须采用密封措施，以防止发动机滑油泄漏和对发动机滑油的污染，且必须能对发动机运转所需的每个附件进行检查、调整或更换。需要对传动系统的设计进行约束，要求传动系统及其上安装的飞机部件与发动机尽量隔离，减小其失效对于发动机的影响。

满足条款要求的符合性方法包括设计、安全性分析、系统试验、整机试验。

设计说明：对附件传动系统的设计进行说明，对附件传动及附件的结构、传动系统以及使用滑油润滑的花键等连接装置的密封性，以及附件的检查、调整或更换等设计进行说明。

安全性分析：对传动系统进行安全性分析，确定系统各部件的失效模式、后果以及对发动机的影响，保证不能导致危害性的后果。

系统试验：开展附件传动系统的耐久性试验，验证附件传动系统齿轮承受极限载荷的能力。开展附件传动系统静扭试验，表明在预期的加载条件下（包括最严苛状态），附件传动系统应力在可接受的范围内。

系统和整机试验：通过开展系统级或整机级耐久性试验等验证发动机附件传动系统的功能和耐久性，验证传动系统以及使用滑油润滑的花键等连接装置的密封性。

综上所述，发动机附件连接装置的符合性路径图如图2-2所示。

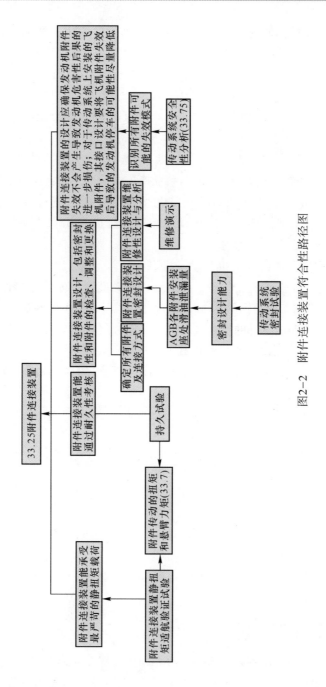

图2-2　附件连接装置符合性路径图

2.2.5　符合性技术要求

根据上述的符合性思路及路径图表明第 33.25 条附件链接装置的符合性时，关键的技术就是进行静扭试验和持久试验。下面重点介绍以下这两个试验的技术要求。

2.2.5.1　静扭试验验证的技术要求

（1）试验工况需要确定严苛的试验条件，并考虑偏心。根据发动机附件数据和飞机附件数据，以及发动机的起动和工作工况，明确附件载荷的加载方式，确定试验加载的载荷矩阵。考虑最大偏心量，对偏心进行分析，分析时需要考虑中介机匣变形、传动杆变形以及装配引起的偏心。对偏心分析方法进行验证，确保分析方法的合理性。

（2）试验条件需要考虑偏心量的加载方式。

（3）试验判据：传动系统正常工作，没有不可接受的机械损伤。

2.2.5.2 持久试验验证的技术要求

可以通过发动机持久试验或附件传动系统持久试验以及两者结合的方式进行验证。

（1）试验工况考虑发动机工作循环。试验之前需要确定附件传动系统的振动敏感点，此振动敏感点可以通过传动系统振动试验进行扫描或其他可接受的方式，并将此振动敏感点在试验工况中进行考虑。

（2）试验工况需要考虑发动机起动、稳态和加减速等工作状态；仅供飞机使用的附件在额定最大连续状态和更高状态时应对附件驱动装置和安装连接件施加限制载荷；对于发动机附件按照发动机的运行工况施加相应的载荷；另外还需要考虑飞机附件的过载工况、飞机和发动机附件的负载波动数据，以及最大偏心量。

（3）试验条件需要明确偏心量的加载方式。

（4）试验判据：传动系统正常工作，没有不可接受的机械损伤，滑油泄漏满足设计要求。

（5）发动机持久试验相关的其他要求可以参见 CCAR-33.87 持久试验。

2.3 CCAR-33.66 引气系统

2.3.1 条款原文

在第 33.7 条（c）款（11）中规定的极限引气状态的所有条件下，发动机必须提供引气而不会对发动机产生除推力或功率输出降低外的不利影响。如果能控制发动机防冰的引气，则必须设置指示发动机防冰系统功能的装置。

［1988 年 2 月 9 日初版］

2.3.2 条款要求演变

引气条款的要求最早出现在 1959 年美国 CAR13 部 13-3 修正案中，新增了 13.210（e）条防冰引气相关的内容，要求"如果从压气机引气用于发动机防冰，则须提供空气正流向专门通道的正确指示"。该条款是为了让机组人员了解隶属于发动机的防冰系统能否在结冰条件下正常工作。1965 年 FAA 第一次颁布 FAR33 部，发动机引气的要求与之前的 CAR13 部中内容要求一致，没有变化。由于引气会影响发动机的性能和运行状态，因此需要给出最大引气量限制，并且防止最大引气量条件产生的不利影响至关重要。此外，如果引气用于发动机防冰，则有必要知道防冰引气功能打开时发动机的引气确实进入了防冰引气通道。为此，在 1974 年 FAR33 部 33-6 修正案中对引气系统进行了修订，提出"在发动机最大限制的引气条件下不能产生除降低动力输出之外的不利影响"以及"如果能控制发动机防冰的引气，要求提供一种指示防冰系统功能的方法"的适航要求。此后在 1984 年对该条款进行了小改，主要是文字表述方面，没有实质性变化。

2.3.3　产品和技术变化

本条款涉及的引气主要是指对航空器的引气。航空器引气是指从发动机主流道向该发动机本体之外提供的用于实现航空器功能需求和另一台发动机功能需求的引气，如客舱增压和通风引气、机翼和短舱防冰引气等。引气量过大，会给发动机性能和运行状态产生不利影响。因此在表明条款要求时首先需要给出除推力和功率降低之外，没有其他不利影响的最大引气量限制，并通过试验对引气量限制进行验证。

2.3.4　符合性思路

引气系统条款实质要求是发动机的引气系统设计应提供满足航空器和其他发动机使用需求的引气量；发动机应确定可提供给航空器使用的引气量限制，并在发动机安装和使用说明手册、TCDS 中规定该限制值；发动机的引气系统设计应确保在规定的极限引气状态、全工作包线范围内所有条件下，除了发动机推力或功率输出降低之外不会产生任何其他不利影响（如发生超温、喘振和失速、加速响应时间超限、振动超限等）；对于发动机防冰引气可控的情况，其设计应提供一种指示防冰系统功能的方法，以供机组人员监视和判断发动机防冰引气的使用情况。

满足该条款要求可接受的符合性方法包括设计说明、声明、整机试验。

设计说明：对航空器引气和发动机防冰引气的设计进行说明；对于发动机防冰引气可控的情况，说明用于指示该防冰系统功能的方法。

声明：对于经验证的发动机引气量限制值，在发动机安装和使用说明手册、TCDS 中进行声明。

整机试验：通过发动机整机试验（持久试验、工作试验等），验证在全工作包线范围内，发动机在第 33.7 条（c）款（11）中规定的极限引气状态的所有条件下，除了发动机推力或功率输出降低之外，不会产生任何其他不利影响。

综上所述，发动机引气系统的符合性路径图如图 2-3 所示。

2.3.5　符合性技术要求

根据上述的符合性思路及路径图表明第 33.66 条引气系统的符合性时，关键的技术就是极限引气限制值的验证。

通过第 33.89 条（a）款（3）工作试验记录响应时间时，使用供航空器使用的最大允许引气和代表航空器进场着陆期间使用的最大的引气的某中间值，对各级引气（单独及组合的形式）验证极限值。

通过第 33.73 条（a）款加速试验对操纵性的考核，验证功率杆在不超过 1s 内从最小位置推到最大位置，且发动机处于极限引气时，不会出现超温、喘振、失速或其

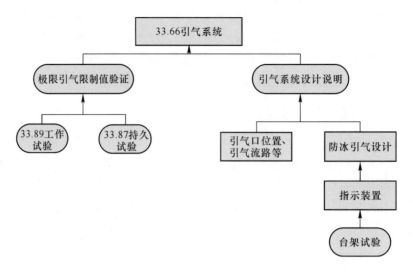

图 2-3　引气系统符合性路径图

他有害因素。

通过 33.87（a）（5）持久试验对试车谱中引气方案的规划，试验中发动机在至少1/5的运转期间使用最大引气，最终验证发动机能够通过 150h 持久试车，且通过分解检查。

对验证试验结果中的最大引气量与声明的引气限制值进行对比分析。确保验证的引起量不能低于声明的引气限制值。

2.4　CCAR-33.67 燃油系统

2.4.1　条款原文

（a）在按申请人规定的流量和压力对发动机供给燃油的情况下，该发动机必须在本规定的各种工作状态下都能正常工作。不可再调整的每个燃油控制调节装置装于发动机上时必须用锁紧装置固定并且必须是铅封的，否则应是不可达的。所有其他的燃油控制调节装置必须是可达的，并且作标记以指明调节功能，除非该功能是显而易见的。

（b）在发动机燃油进口与燃油计量装置进口，或与发动机传动的正排量泵进口（两种进口中取距发动机燃油进口较近者）之间，必须设置燃油滤或滤网。此外下列规定适用于本条（b）款要求的每个燃油滤或滤网：

（1）必须是便于放泄和清洗，并必须采用易于拆卸的网件或滤芯。

（2）除非滤网或油滤易于拆卸进行放油，而不需设置放油装置，否则必须具有沉淀槽和放油嘴。

（3）除非导管或接头在所有载荷情况下均具有足够的强度裕度，否则，油滤或滤网的重量不能由相连的导管或其入口或出口的接头支撑。

（4）必须规定为防止燃油中外来颗粒进入发动机燃油系统所必需的燃油滤的类型和过滤度。申请人必须表明符合下列要求：

（i）通过规定过滤装置的外来颗粒不会损害发动机燃油系统的功能；

（ii）在 27℃（80℉[①]）的含水的初始饱和燃油中每升加进 0.2mL 游离水，并冷却到工作中可能遇到的最危险的结冰条件下，燃油系统在其整个流量和压力范围内能持续工作。然而，这一要求可以通过验证特定的经批准的燃油防冰添加剂的有效性来满足；或者燃油系统带有燃油加热器，它能在最危险结冰条件下将燃油滤或燃油进口处的燃油温度保持在 0℃（32℉）以上。

（5）申请人必须验证在燃油被污染到工作中可能遇到的最大程度的颗粒尺寸和密度时，过滤装置具有保证发动机在其批准的极限内继续运转的能力（与发动机使用限制相对应）。必须验证发动机在这些条件下，按中国民用航空局可接受的一段时间内工作，这段时间由下列装置开始指示过滤器临近阻塞时算起：

（i）现有的发动机仪表；

（ii）装在发动机燃油系统的附加装置。

（6）任何滤网或油滤旁路装置的设计与构造，必须通过其适当设置使积聚的污物逸出最少，以确保积聚的污物不致进入旁通油路。

c）对于每个流体喷射（除燃油）系统和其控制装置，如果作为发动机的一部分，申请人必须表明喷射流体量是充分可控的。

d）删除。

［2016 年 3 月 17 日第 2 次修订］

2.4.2　条款要求演变

发动机燃油系统条款历史悠久，1941 年美国 CAR13 部中第一次引入了发动机燃油系统的要求。条款主要针对活塞式发动机的燃油和进气系统供油、进气道防冰两方面进行了规定。从 1952 年涡轮发动机的出现，对此燃油系统进行了修订，使其同样适用于涡轮发动机，要求并没有实质变化。1957 年到 1959 年，又进行了三次修订，分别增加了涡轮发动机在（航空器相关规章中规定的）连续最大和间断最大结冰条件下，发动机在整个飞行功率范围内不会出现严重的功率损失的要求，发动机制造商规定燃油滤的类型，同时验证外来颗粒通过该油滤时不会影响燃油系统的功能的要求，防冰引气相关的要求。1965 年 FAA 颁布 FAR33 部，其中 FAR-33.67 条适用于涡轮发动机燃油系统，此次修订仅更改了部分文字描述，条款的实质要求保持不变。随着发动机的发展，FAA 认为对于新取证发动机而言，燃油和进气系统的适航要求不足，为了确保发动机的安全性和可靠性，需要对 33.67 条进行重新修订。因此，在 1974 年 33-6 修正案中，FAA 对 33.67 条进行了较大改动，修订内容主要包括：新增了燃油调节装置的固定、密封和可达性要求；新增了燃油结冰的相关内容，并明确了含水量要求；增加关于燃油滤和旁通的设计要求、燃油系统污染指示的设计要求。

在 1984 年，FAA 针对行业内提出的建议，33-10 修正案中，FAA 再次对 33.67 条进行了较大修订。本次修订的主要内容如下：补充可用燃油防冰添加剂和燃油加热器

---

① ℉（华氏度）为非法定量单位，其换算公式为：t_F（℉）＝32＋1.8t（℃）

作为表明符合性的替代方法；对燃油滤和滤网的支撑要求增加了强度条件；修订了燃油污染的相关要求。

之后，在33-18修正案、33-25修正案、以及33-26修正案都对燃油系统进行了修订，但修订的内容又在33-26修正案中，将这条要求转移到了33.28控制系统的条款中。

2.4.3　产品和技术的变化

发动机中使用的燃油都来自于飞机的燃油箱，然而在燃油加注到飞机油箱的过程中都会受到不可避免的污染，其污染物主要包括固体杂质、水、表面活性剂等污染物，另外燃油在发动机运转过程中，可能会将发动机运行过程中产生的铁屑等碎末带入到油箱中。这些污染物会堵塞燃油系统，甚至对燃油系统的许多部件造成机械损伤，以至于会给发动机和飞机带来严重的安全隐患。

2.4.3.1　燃油固体污染要求

鉴于上述污染物的存在，以及燃油污染造成的发动机故障，对燃油系统的构型和污染的要求不断更新，增加对于固体污染物不能影响发动机功能的要求，并要求给出燃油滤纳污的能力，且在达到其能力前告知机组。但是为了使申请人的设计更灵活，处于安全目标考虑，后续条款修订时，将确定油滤的纳污能力改为在临近堵塞时，燃油系统依然能正常工作并坚持飞行一段时间。

为此，符合性方法发生了变化，之前的燃油系统油滤的纳污能力试验改到临近堵塞时，燃油系统能继续工作一段时间的验证。此时间可以为最大航程一半的时间。污染物的成分可以参考美国军标（MIL）5007E、CS-E AMC 670，或者国军标（GJB）241A。

2.4.3.2　燃油系统瞬态结冰

鉴于油箱中可能会存在水，并且在很低的环境温度下，燃油中会存在冰，这些冰进入到燃油系统中会堵塞燃油系统，影响燃油系统的正常功能。因此申请人需要开展燃油系统结冰试验。随着发动机的发展和使用，人们的认识不断提高。对燃油系统结冰试验的符合性发生变化。在2008年，一架装配涡扇发动机（RB211）的波音（777）飞机在跑道前坠毁，经确认，事故原因为燃油流量下降造成的双发非指令推力下降。调查发现，在特定环境下，经过一段时间的低温燃油环境，冰会在飞机燃油系统中积聚然后脱落输送到下游的发动机，这些冰可能在燃滑油热交换器（FOHE）表面积聚，因缺少足够的热量融化冰，发动机燃油系统可能发生燃油供给限制，进而可能导致发动机不能达到预期推力水平，这被认为是一种非安全状态。作为事故调查的结果，根据AAIB以及NTSB的调查结果显示，瞬态燃油结冰环境下冰是柔软可压缩的，因此可能在燃滑油热交换器、油滤或滤网的微小管路进口处发生堵塞。AAIB和NTSB事故调查报告的结果促进了对这种燃油结冰机理的认识，在之前的发动机审定过程中没有预料到这种燃油系统瞬态结冰的机理，并且在传统的污染流体审定试验过程中也没有进行过验证。

为表明对燃油系统结冰试验的符合性，除了需要开展传统的结冰试验之外，还需要开展燃油系统瞬态结冰试验，要求如下：

（1）发动机燃油系统应设计成能够防止可能聚积的冰脱落到发动机，或当发动机安装手册中规定数量的冰脱落到发动机时不会发生发动机推力损失。

（2）考虑发动机在实际运行中可能遇到的瞬时燃油结冰条件。申请人应联合飞机制造商一起评估最严苛结冰环境下发动机燃油系统进口处的燃油结冰威胁，包括：燃油温度、燃油特性、含水量、可能的持续暴露于结冰环境的冰的积聚和脱落；在缺乏飞机制造商方面完整的风险评估时，申请人则应对瞬时燃油结冰条件的威胁进行保守的评估。

（3）通过试验和分析验证在瞬时燃油结冰条件下发动机燃油系统在其整个流量和压力范围内能持续正常的工作，并将经过证明的瞬时燃油结冰条件相关参数在发动机安装手册中进行声明，其中至少包括能确保发动机功能正常地连续工作的最大冰的数量和最小燃油温度。

（4）符合性证据中应考虑在最小燃油加热条件、发动机之间差异性的最差条件下，发动机燃油系统组件堵塞以及随之影响旁路系统的可能性。

2.4.4 符合性思路

燃油系统条款的实质要求主要有以下几点：

（1）燃油泵须具有良好的供油和增压能力，使得发动机在按申请人规定的流量和压力（通常选取低压泵进口截面）对发动机供给燃油的情况下，在声明的发动机工作包线内的所有工作状态下都能正常地工作。

（2）必须合理设置燃油过滤装置保护燃油系统，使得燃油在可能遇到的最大程度的污染环境下，燃油系统能够继续运转。并设计合理的告警功能指示临近堵塞，确保在告警指示发生后，燃油系统具有可接受的持续运行能力。

（3）需设计合理的燃滑油热管理系统，或者使用有效的燃油防冰添加剂，使得在工作中可能遇到的最危险结冰条件下，燃油系统在其整个流量和压力范围内能持续工作。

（4）燃油系统部件应具有良好的安装特性和维修性，包括燃油控制调节装置需进行锁紧固定或标记，防止误操作且便于维修；主燃油滤应易于拆卸且其连接导管或接头应具有足够的强度，防止因失效导致燃油泄漏而造成失火。

（5）对于每个流体喷射（除燃油）系统和其控制装置，如果作为发动机的一部分，申请人必须表明喷射流体量是充分可控的。

满足该条款要求可接受的符合性方法包括设计说明、声明、计算分析、系统试验、整机试验和飞行试验。

设计说明：对燃油滤或滤网、燃油控制调节装置等进行简单描述，说明设计满足条款要求；

声明：对于燃油系统中燃油的温度和压力限制等使用限制、燃油的牌号以及其他的使用措施要在相应手册或 TCDS 文件中声明。

计算分析：分析确定燃油系统可能面临的最危险的结冰条件。

系统试验：开展燃油污染试验，验证燃油被污染到工作中可能遇到的最大程度的颗粒尺寸和密度时，燃油系统具有可接受的持续运行能力；开展燃油结冰试验，验证在工作中可能遇到的最危险结冰条件下，燃油系统在其整个流量和压力范围内能持续工作。验证燃油系统与燃油牌号的兼容性。

整机试验：结合发动机持久试验、工作试验等，验证在按申请人规定的流量和压力对发动机供给燃油的情况下，在规定的各种工作状态下都能正常工作。验证发动机与燃油牌号的兼容性。

　　飞行试验：结合第25.1143条（d）款的符合性验证，作为发动机一部分的每个流体喷射（除燃油）系统和其控制装置，喷射流体量充分可控。

　　综上所述，发动机燃油系统的符合性路径图如图2-4所示。

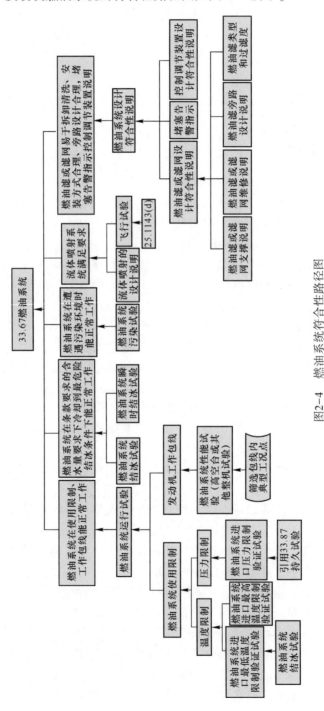

图2-4　燃油系统符合性路径图

2.4.5　符合性技术要求

根据上述的符合性思路及路径图表明第 33.67 条燃油系统的符合性时，关键的技术就是燃油结冰试验和燃油固体污染试验。

2.4.5.1　燃油系统结冰试验

（1）试验件构型。一般包括：燃油泵、主燃油滤、次级油滤、燃滑油热交换器、燃油计量装置、液压机械单元，以及使用伺服燃油的液压作动机构等。

（2）燃油结冰稳态试验

①试验工况考虑最严苛的结冰条件，可以通过建立燃滑油热管理系统仿真模型对燃油温度进行分析，分析需要考虑含水量（根据条款确定），燃油流量，燃油温度，环境温度，滑油温度和流量，燃油结冰的条件，另外考虑发动机衰退、引气、功率提取等。并且通过燃油系统性能试验和部件试验对模型进行校验。

②试验判据：燃油系统正常工作。

（3）燃油系统瞬态结冰试验

①试验工况需保证在飞机提供的最大含水量时保证结冰量与实际情况近似。结冰状态考虑"黏性"冰区域燃油温度、发动机可能发生瞬时结冰的工况，包括燃油含水量，燃油流量，燃油温度，环境温度，滑油热量条件。此外还需要考虑最坏的发动机构型。

②试验方法需明确含水量的注入方式和燃油的冷却方式。

③试验判据：燃油系统正常工作。

2.4.5.2　燃油系统固体污染试验

燃油系统固体污染试验分别进行低浓度和高浓度的污染试验。

（1）试验件构型至少包括：燃油泵、主燃油滤、次级油滤、燃滑油热交换器、燃油计量装置、液压机械单元，以及使用伺服燃油的液压作动机构等。

（2）低浓度污染试验验证通过规定过滤装置的外来颗粒不会损害发动机燃油系统功能。

①污染物成分参考 MIL-5007E 或者 AMC 670，污染物总量不少于浓度 0.5g/4500L，时间 500h，典型发动机工况下对应的总量。

②试验开始前，应保证污染物能均匀混合。

③试验判据：燃油系统能正常工作，无不可接受的磨损情况。

（3）高浓度污染试验验证燃油系统在遭遇最大污染环境时能正常工作，且从临近堵塞到真实旁通的时间至少为预装机型最长持续飞行时间的一半。

①污染物成分参考 MIL-5007E、GJB 242A，或者 CS-E AMC 670，污染物浓度应选取飞发协调确定的最大污染浓度与 4.5g/4500L 中的大者，时间不小于最大航程一半的时间，试验工况选择典型发动机工况。

②试验开始前，应保证污染物能均匀混合。

③燃油滤指示装置是否按预期提供报警指示。

④试验判据：燃油系统能正常工作，无不可接受的磨损情况。

2.5 CCAR-33.69 点火系统

2.5.1 条款原文

每型发动机必须安装有地面和飞行中起动发动机的点火系统。除了燃油加力燃烧系统只要求一个点火电嘴外，电点火系统必须至少有两个点火电嘴和两条独立的次级电路。

[1988 年 2 月 9 日初版]

2.5.2 条款要求演变

发动机点火系统条款历史悠久，1941 年美国 CAR13 部第一次引入了发动机点火系统的要求。条款要求活塞式发动机的所有火花点火发动机需要装配点火系统，且每个汽缸至少有两只火花塞，并具有电源分开的两条独立电路，在飞行中能够可靠的工作。"1952 年对点火系统增加火花点火发动机必须装有双点火系统的要求。1956 年随着涡轮发动机的出现，针对活塞式发动机和涡轮发动机分别提出了点火系统要求，涡轮发动机点火系统的要求为每型发动机必须安装有地面和飞行中起动发动机的点火系统。1965 年 FAA 颁布 FAR33 部，其中 33.69 条为涡轮发动机点火系统的要求，内容没有任何实质性变化。出于对点火系统安全性的要求，FAA 认为涡轮发动机也应该具有两个点火电嘴和两条独立的次级电路，但是此要求并不适用于会采用加力燃烧系统帮助飞行速度提高到超声速的航空器。

2.5.3 产品和技术变化

随着涡轮发动机的出现，出于保障点火系统在发动机运行时能够可靠工作的考虑，在保证点火系统可靠性设计的基础上，FAA 发布的 AC 33-2C 以及 ANE-1998-33.69-R1 对点火系统的失效率提出了要求。FAA 最早想让涡轮发动机的可靠性达到与活塞式发动机一致的可靠性水平。在对活塞式发动机点火系统失效率调研后发现，活塞式发动机点火系统的平均失效率在 10^{-5}/飞行小时。但是考虑到活塞式发动机和涡轮发动机点火系统有很大的不同，活塞式发动机点火系统的失效率不能直接用于涡轮发动机。因此 FAA 专门对于一些涡轮发动机制造商进行调研，了解到涡轮发动机点火系统的失效率范围大致为 $(10^{-6} \sim 10^{-8})$/飞行小时。因此，要求涡轮发动机点火系统的失效率不高于 10^{-6}/飞行小时。

鉴于此要求，申请人在表明点火系统符合性时，需要开展安全性分析工作，表明点火系统的失效率不高于 10^{-6}/飞行小时。

2.5.4 符合性思路

根据条款、相应的咨询通告 AC 33-2C 以及解释性材料 ANE-1998-33.69-R1 的理解，条款的实质要求点火系统必须至少有两个点火电嘴和两条独立的次级电路；要求点火系统的失效率不高于 10^{-6}/飞行小时；点火系统在声明的起动包线范围内具备点火能力。

满足条款要求的可接受的符合性方法设计说明、安全性分析、部件试验和整机试验。

设计说明：对点火系统的设计进行描述，表明其点火电嘴和次级电路的设计满足条款要求。

安全性分析：对点火系统进行安全性分析，表明其点火系统的失效率不高于 10^{-6}/飞行小时。

部件试验：通过点火系统部件鉴定试验，验证点火系统部件的功能和性能。

整机试验：结合工作试验等，验证在起动包线范围内的点火能力。

综上所述，发动机点火系统的符合性路径图如图 2-5 所示。

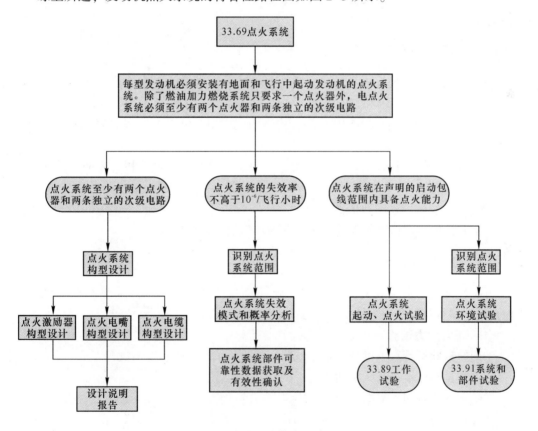

图 2-5　点火系统符合性路径图

2.5.5　符合性技术要求

根据上述的符合性思路及路径图表明第 33.69 条点火系统的符合性时，关键的技术就是确定部件失效概率的有效性。

申请人可采用手册标准、模型、可靠性试验，以及历史使用数据的方法确定失效率数据，对每一种方法需要考虑以下因素确定失效率数据的有效性。

2.5.5.1 手册标准方法

（1）确定适用的手册标准。需要对确定的手册标准的适用性进行评估。

（2）失效率数据的有效性分析。

申请人需给出手册中所采用的失效率数据的评估方法或公式，并且需要对每一影响失效率的影响因素选择的合理性进行评估。对于电子元器件重点评估使用环境，工作应力和质量等级等影响参数的合理性。评估时需要考虑零部件真实物理结构和实际的工作环境，表明失效率数据的有效性。在进行此有效性分析时，还需要重点评估手册给出的失效率的失效模式是否与目标电子元器件的失效模式一致。对于不一致的需要给出合理的保守分析，说明手册的失效率与目标失效模式失效率之间的比例关系，表明评估方法和数据的有效性。

2.5.5.2 模型方法

（1）进行失效机理分析。申请人需要对电子元器件的失效模式进行机理分析，确定导致此失效模式的原因和影响因素。

（2）根据失效原因和影响因素建立故障物理模型，给出失效率的表达式。并进行合理性说明。

（3）模型的有效性评估。申请人需进行模型有效性校验或分析，表明计算失效率算法的有效性

（4）评估影响因素的取值的有效性。申请人需要对失效率表达式中的每一个参数进行确定并评估，评估时需要考虑实际的物理构型和运行环境。

2.5.5.3 可靠性试验

可靠性试验之前需要对试验件的一致性进行评估，不一致的需进行相似性评估（包括结构、材料以及制造加工工艺方面等）。

（1）正常应力试验

①确定试验科目。可以选择可靠性鉴定或验收试验，或者寿命试验。

②确定试验样本。若无特别规定，试验样本数量至少为两件。

③确定试验时间。根据试验方案确定合适的试验时间，并进行合理性说明。

④确定环境应力。可靠性试验剖面应尽可能真实地时序地模拟产品在实际使用中经历的最主要的环境应力。可靠性试验剖面应优先采用实测应力来制定产品的可靠性试验剖面；在无实测应力数据的情况下，可靠性试验剖面可以根据处于相似位置、具有相似用途的设备在执行相似任务剖面时测得的数据，经过分析处理后得到的估计应力来确定；只有在无法得到实测应力或估计应力的情况下，方可使用参考应力，可采用分析计算方法来获得，但需给出合理性说明。

⑤故障处理。如果发生故障，可以对故障进行修复，不能进行设计更改。

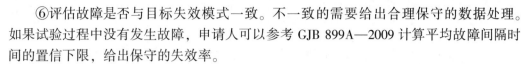

⑥评估故障是否与目标失效模式一致。不一致的需要给出合理保守的数据处理。如果试验过程中没有发生故障，申请人可以参考 GJB 899A—2009 计算平均故障间隔时间的置信下限，给出保守的失效率。

（2）加速寿命试验

申请人可以采用加大应力而不改变失效机理的方法进行加速寿命试验，使产品的故障加速暴露。申请人进行加速试验需要评估如下因素：

①进行失效模式机理分析，确定导致此失效模式的主要应力。确定加速变量。

②确定试验样本。若无特别规定，试验样本数量至少为两件。

③确定失效率的计算表达式，尤其确定其中对于加速系数的表达式。并给出合理性说明。

④确定试验的应力水平。应力水平的选取不能超过产品的极限应力，避免带来新的失效模式。

⑤确定试验时间。试验时间应持续到每个产品失效为止。

⑥评估数据处理方法的有效性，确定加速系数。

2.5.5.4　历史使用数据

对于申请人采用历史使用数据的方法来表明电子元器件的失效率时，需要进行以下符合性工作，来表明数据的有效性。如果引入了新的技术，则该方法不适用。

（1）统计数据的来源

申请人需要明确统计数据来源于公司内部哪些相似的机型，或其他 OEM 厂家的机型，甚至是其他非民用航空领域的产品。

（2）相似性评估

申请人需要对历史统计的电子元器件与目标电子元器件之间的相似性进行评估说明，主要考虑以下三方面的相似性。

①设计制造相似性分析，申请人需要表明统计的电子元器件与目标电子元器件在设计构型方面（形状、尺寸、公差、表面保护等），材料特征（化学组成、物理特性等）方面以及质量水平方面（制造依据的标准或规范，以及加工工艺等）的相似性。需要申请人针对相似性分析给出判定为相似性的合理性标准。

②功能相似性分析，申请人需要表明统计的电子元器件与目标电子元器件在执行的功能上是相似的。需要申请人针对相似性分析给出判定为相似性的合理性标准。

③耐久性相似性分析，申请人需要使用更严酷的环境中（包括但不限于温度、湿度、振动、载荷、污染条件等）获取的同规格电子元器件的历史使用数据来保守评估电子元器件的失效率数据。

（3）故障数据的有效性评估说明

申请人需要对历史统计的电子元器件的故障信息进行可靠性评估。主要考虑以下两方面。

①故障数据统计积累机制的方法及有效性评估，申请人需要评估每一电子元器件的运行时间是如何统计的，确定合理有效的运行时间；申请人需要表明故障统计的内

容，至少包括故障的部件信息、故障的失效模式、故障发生的原因、故障的处理措施等。

②故障数据的有效性评估，申请人关于数据统计的时间应该至少统计到型号申请之前；申请人需要对失效模式的一致性进行评估，表明用于失效率计算的故障件与目标电子元器件具有相同的失效模式。如果没有一致的失效模式，需要给出合理保守的数据处理方式；对于故障的处理方式，是否针对发生的故障有设计变更，需要评估设计变更的影响分析、安全性分析以及对于相似性的影响评估。

③如果统计过程中没有故障发生，则需要给出合理保守的失效率，并对其估计方法进行合理性评估。

2.6 CCAR-33.71 滑油系统

2.6.1 条款原文

（a）概述。每一润滑系统在航空器预期使用的飞行姿态和大气条件下，必须能正常地工作。

（b）滑油滤网或滑油滤。必须有一个供发动机所有滑油通过的滤网或油滤，此外还应满足下列要求：

（1）本款要求的具有旁路的滑油滤网或滑油滤，其构造和安装必须使得在该滤网或油滤元件完全堵塞的情况下，滑油仍能以正常的流量流经系统的其余部分。

（2）必须规定为防止滑油中外来颗粒进入发动机滑油系统所必需的滑油滤类型和过滤度。申请人必须表明通过规定的过滤装置的外来颗粒将不会损害发动机滑油系统的功能。

（3）当滑油污染程度大于本条（b）款（2）的规定时（就颗粒的尺寸和密度而言），本条要求的每个滤网或油滤必须具有保证发动机滑油系统功能不受损害的容量（就确定的发动机使用限制而言）。

（4）除了滑油箱出口的滤网或油滤，对于本条要求的每个滤网或油滤，必须具有在污染达到本条（b）款（3）规定的容量之前能予以指示的装置。

（5）任何油滤旁路装置的设计与构造，必须通过其适当设置使积聚的污物逸出最少，以确保积聚的污物不致进入旁通油路。

（6）除了滑油箱出口或回油泵的滤网或油滤外，本条规定的没有旁路的每个滤网或油滤，必须具有一报警器连接装置，以便在滤网的污染达到本条（b）款（3）确定的容量之前警告飞行员。

（7）本条要求的每个滤网或油滤必须便于放泄和清洗。

（c）滑油箱

（1）每个滑油箱必须具有不小于油箱容量 10%的膨胀空间。

（2）必须避免因疏忽而注满滑油箱膨胀空间的可能性。

（3）每个能存留一定数量滑油的凹形滑油箱加油接头，必须具有安装放油的装置。

（4）每个滑油箱盖必须有滑油密封件；对于申请在获得 ETOPS 批准的飞机上进行安装的发动机，滑油箱必须设计能防止因滑油箱盖的错误安装导致的危害性滑油损失。

（5）每个滑油箱加油口应标上"滑油"字样。

（6）每个滑油箱必须在膨胀空间的顶部通气，通气口的布置应使可能冻结并阻塞管道的冷凝水蒸气不能在任何部位积聚。

（7）必须有防止任何可能妨碍滑油在系统中流通的物体进入滑油箱或任何滑油箱出口的装置。

（8）除非滑油系统的外部（包括滑油箱支架）是防火的，否则，在每个滑油箱出口必须有一个切断阀。

（9）每个不增压的滑油箱在受到最大工作温度和 24.5kPa 的内部压力时不得泄漏，每个增压的滑油箱必须满足第 33.64 条的要求。

（10）漏出或溢出的滑油不得在油箱和发动机其他零部件之间积聚。

（11）每个滑油箱必须有滑油量指示器或相应的装置。

（12）如果螺旋桨顺桨系统使用发动机滑油，则应满足下列要求：

（ⅰ）如果不是油箱本身的失效而是由于润滑系统任一部分的失效使滑油供给量枯竭，则滑油箱必须具有一种能截留一定量滑油的装置；

（ⅱ）被截留的滑油量必须足以完成顺桨工作，并且必须仅供顺桨泵使用；

（ⅲ）必须设有用以防止油泥或其他外来物影响螺旋桨顺桨系统的安全工作的装置。

（d）滑油放油装置必须配备一个（或多个）放油嘴，以使滑油系统能安全放泄，每个放油装置必须满足下列要求：

（1）是可达的。

（2）有手动或自动装置确保锁定在关闭位置。

（e）滑油散热器 每个滑油散热器必须能承受在台架试验中产生的任何振动、惯性和滑油压力载荷而不出现失效。

［2016 年 3 月 17 日第 2 次修订］

2.6.2 条款要求演变

发动机润滑系统的条款最早在 1941 年美国 CAR13 部中出现，要求活塞式发动机润滑系统的设计与构造，必须使该系统在飞机预期使用中的所有飞行姿态和大气条件下能正常工作。装有湿油池的发动机，当发动机里的滑油只有最大滑油量的一半时，必须仍能满足这一要求。发动机润滑系统的设计与构造必须能安装滑油冷却装置。为了与其他规章保持格式和语言的一致性，同时为了使规章也适用于涡轮发动机，1952 年对 CAR-13 部进行了改版，针对活塞式发动机和涡轮发动机分别提出了润滑系统的要求，对于涡轮发动机的润滑系统在文字描述方面略作更改，没有实质性要求。1965 年FAA 颁布 FAR33 部，其中 33.71 条为涡轮发动机润滑系统的要求，内容没有实质性变化。针对业内对于此条款的评论和建议，1974 年 33-6 修正案，FAA 对 33.71 条进行了大的改动，给出了详细的涡轮发动机润滑系统要求。针对滑油滤网或滑油滤，提出了在每个回油泵前设置滤网或油滤、规定滑油滤类型和过滤度、超出规定污染程度的滑油系统功能不受损害、滤网或油滤发生过度污染时提供指示、旁通不得释放收集的污染物等要求。针对滑油箱，提出了必须设置10%膨胀空间、滑油箱的密封性、滑油箱的顶部通气、滑油箱的防火和承压能力等要求。从服役经历来看，回油滤的设置不一定能提高安全性，反而限制了滑油系统的设计，以及螺旋桨的顺桨会使用发动机的滑油，因此在1984年33-10修正案，FAA再次对33.71条进行了修订，本次修订的主要内容：

（1）删除了关于回油泵前的滑油滤网和滑油滤相关要求。

（2）增加了关于使用发动机滑油的螺旋桨顺桨系统的要求。

（3）修改一些文字方面的表述。

2007年，FAA在25部的25-120修正案中提出了ETOPS型号设计批准的内容，新增了25.3条ETOPS型号设计批准的专用条款、25.1535条ETOPS批准和附录K-延程运行（ETOPS）三个与ETOPS型号设计批准相关的适航条款。与此同时，FAA在33部的33-21修正案中提出了为申请获得安装在已批准ETOPS飞机上的发动机，其润滑系统的滑油箱必须设计能防止因滑油箱盖的错误安装导致的危害性滑油损失。在2008年33-27修正案中，为了保持FAA与EASA规章对于发动机静承压件要求的协调一致，FAA修订了滑油箱的要求，同时新增了33.64条对静承压件的静压力试验的要求。

2.6.3　产品和技术变化

发动机润滑系统为自封闭的循环系统，主要实现附件连接装置、齿轮箱等部件的润滑和冷却。并且由于发动机的这些部件都以金属质料制成，要是没有润滑的话，金属与金属摩擦很容易使部件造成破坏，并且这种破坏具有不可逆性，无法恢复。润滑系统的正常工作直接影响到发动机以及飞机的安全性。目前根据全球发动机的服役经验表明，发动机由于润滑系统故障造成的发动机停车，大部分都是由于齿轮、轴承和径向传动杆的磨损造成的润滑系统中的油滤堵塞告警或磁性屑末检测器告警引起的。在表明润滑系统的符合性时，最重要的一点就是要开展滑油中断试验。在滑油中断一定时间内，验证发动机依然能正常工作，且没有不可接受的机械损伤。另外就是要对润滑系统中的所有告警指示的功能进行验证。

2.6.4　符合性思路

条款的实质要求主要涉及以下方面：滑油系统的总体设计及滑油泵供油和增压能力要求；滑油过滤相关的设计要求；滑油储存相关的设计要求；滑油放油相关的设计要求；滑油热管理相关的设计要求。实质性要求具体可以描述为：

（1）确保润滑系统的总体设计和构造能使其在预期的飞行姿态、大气条件、工作状态、安装条件下，同时考虑滑油温度和压力的情况下能正常工作。对于用滑油作为润滑和冷却介质的发动机润滑系统，必须给发动机润滑系统提供满足要求的滑油；对于用滑油作驱动介质的螺旋桨顺桨系统，必须截留一定量的滑油以保证正常完成顺桨工作。

（2）必须合理设置滑油过滤装置保护润滑系统，以确保正常实现过滤、旁通、堵塞报警指示、纳污等功能。

（3）必须合理进行滑油箱设计，确保滑油箱的储存、密封、标注、通气、防火、耐压、油量指示等功能。

（4）必须合理设置滑油放油装置，并确保其可达性及锁定功能。

（5）必须合理设置滑油散热器，以确保其在承受台架试验中产生的任何振动、惯性和滑油压力载荷情况下功能正常，不出现失效。

满足条款要求可接受的符合性方法建议包括：设计说明、声明、安全性分析、系统试验和整机试验。

设计说明：描述润滑系统及其滑油滤网或滑油滤、滑油箱、滑油放油装置等的设计和安装满足条款要求。

声明：对于批准使用的滑油品级或规格、滑油压力和温度限制、滑油系统环境限制和使用限制等，在相应手册或 TCDS 文件中声明。

安全性分析：通过滑油系统的安全分析结果证明，对于申请在获得 ETOPS 批准的飞机上进行安装的发动机，滑油箱的设计不会引起滑油箱盖的错误安装导致的危害性滑油损失。

部件试验：开展滑油系统部件试验，包括滑油箱防火试验和静压力试验、燃油滤纳污能力验证试验、滑油滤堵塞指示功能试验、旁通阀功能试验，以及磁堵功能试验等，验证滑油系统部件在声明的环境和工作条件下能正常工作。

整机试验：开展滑油姿态试验，验证发动机润滑系统在航空器预期的持续飞行姿态条件下能正常地工作。开展滑油中断试验，验证发动机润滑系统在航空器预期的负载荷（$-g$）和瞬时飞行姿态条件下能正常地工作。结合 150h 持久试验、IMI 试验、高空试验和低温起动试验等对润滑系统在滑油最大/最小压力限制、最大/最小温度限制，以及在预期的大气条件和检查间隔内能正常工作。验证发动机与滑油牌号的兼容性。

综上所述，发动机润滑系统的符合性路径图如图 2-6 所示。

2.6.5　符合性技术要求

根据上述的符合性思路及路径图表明第 33.71 条滑油系统的符合性时，关键的技术就是滑油姿态试验和中断试验。

2.6.5.1　滑油姿态试验的技术要求

润滑系统姿态试验验证在飞机给定的姿态包线内滑油系统正常工作。

（1）分析确定试验的发动机姿态角度和运行工况，包括俯仰角度和滚转角、对应的运行工况和持续时间。是否有引气、功率提取情况。

（2）滑油箱油量。确保试验条件中初始滑油箱油量不大于声明的最低放行标准。

（3）滑油牌号。明确试验中采用的滑油牌号或规格，是否说明使用的滑油对试验严苛度的影响。

（4）试验判据。温度和压力限制值不超限；滑油消耗量不超限；无不可接受的泄漏量；分解检查齿轮、轴承、花键，无不可接受的机械损伤。

2.6.5.2　滑油中断试验的技术要求

润滑系统中断试验验证在飞机负载荷下滑油系统正常工作。

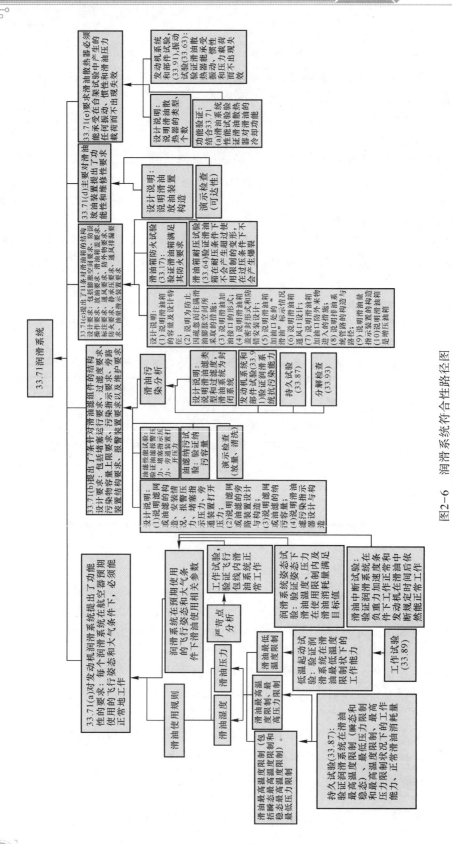

图2-6 润滑系统符合性路径图

（1）发动机运行状态。确定试验中的发动机运行工况（如适用，包括引气、功率提取情况），滑油供油中断的次数、供油中断持续时间和间隔时间。滑油中断试验的发动机运行状态，应选择手册中声明的允许出现滑油中断的发动机运行工况中的最大状态，因为此时滑油流量最大，在供油中断的情况下回油最快，润滑系统工作条件最严苛；试验中滑油供油中断的最大持续时间，不小于飞行姿态包线中瞬时飞行姿态的最大持续时间；试验中两次滑油供油中断之间的间隔时间，不大于手册声明的两次滑油中断工作之间的最小间隔时间；明确试验中滑油供油中断开始和结束计时的标志。

（2）滑油牌号。明确试验中采用的滑油牌号或规格，是否说明使用的滑油对试验严苛度的影响。

（3）试验判据。试验通过准则中至少包括滑油供油中断期间发动机能正常工作；两次滑油供油中断的间隔期内发动机滑油压力能够恢复正常；试验后的分解检查，发动机零部件无不可接受的机械损伤。

2.7　CCAR-33.72 液压作动系统

2.7.1　规章原文

在发动机所有预期的工作状态下，每个液压作动系统必须能正常工作。每个油滤或滤网必须便于维修，并且每个油箱必须符合本规定第 33.71 条的设计准则。

［1988 年 2 月 9 日初版］

2.7.2　条款要求演变

随着航空发动机大小和复杂程度的不断提高，设计人员引入了液压作动器对压气机的可调静子叶片（VSV）角度进行控制，以保持压气机叶片攻角在所有转速下都处于最佳状态。为此，美国早在 1974 年 FAR33 部第 33-6 修正案中新增了液压作动系统条款，以覆盖液压作动系统重要特性的要求。

2.7.3　产品和技术的变化

随着航空发动机大小和复杂程度的不断提高，为了实现某些发动机的功能、提高发动机的性能和安全性，发动机中采用一些液压作动机构保障发动机高效、安全的运行。

（1）采用可调静子叶片（VSV）对高压压气机的进口导叶和前几级静子叶片的角度进行调整，增加压气机效率和喘振裕度，保证发动机不喘振。

（2）采用可调放气阀（VBV）对低压压气机出口的气流进行控制，为避免低压压气机失速，会在发动机低转速时将一部分气流流入外涵道。

（3）采用主动间隙控制保证压气机和涡轮叶片在安全的情况下，性能始终处于最佳状态。间隙太小，叶片容易与机匣碰磨，引发安全性事件；间隙太大，压气机和涡轮的效率太低。因此现在的航空涡轮发动机都采用主动间隙控制来提高发动机的性能。

申请人在表明条款符合性时，首先需要给出所有的液压作动机构。需要保证这些液压作动机构在预期的发动机运行状态下，能正常工作。

2.7.4　符合性思路

实质性要求可以描述为：

（1）确保液压作动系统的设计和构造能使其在发动机所有预期的工作状态下正常工作；

（2）必须合理设置液压作动系统的油滤或滤网，以确保其维修性。

（3）必须合理进行液压作动系统的油箱设计，确保液压油箱满足第 33.71 条（c）款规定的储存、密封、标注、通气、防火、耐压、油量指示等要求。

满足条款要求可接受的符合性方法建议包括：设计说明、声明、计算分析和试验。

设计说明：描述液压作动系统的设计特征和工作原理，并描述其油滤或滤网、油箱满足维修性和 33.71 条的设计准则要求。对于伺服燃油作动或滑油作动系统，可直接参见第 33.67 条燃油系统或第 33.71 条滑油系统的相关设计说明。

声明：对于批准使用的液压油规格、温度和压力限制、环境限制、使用限制等，在相应手册或 TCDS 文件中声明。对于伺服燃油作动或滑油作动系统，可直接参见 33.67 燃油系统或 33.71 滑油系统的相关声明内容。

安全性分析：对液压作动系统进行安全性分析，表明液压作动系统的失效不会造成危害性发动机后果。

计算分析和试验：开展液压作动系统部件功能试验，验证液压作动系统及其相关零部件的功能和工作特性；通过计算分析验证液压作动系统的工作范围在部件工作能力范围内。通过液压作动系统半物理试验验证其能按照控制规律进行动作。

综上所述，发动机液压作动系统的符合性路径图如图 2-7 所示。

2.7.5　技术要求

根据上述的符合性思路及路径图表明第 33.72 条液压作动系统的符合性时，关键的技术就是液压作动能力的验证。可以通过部件试验、计算分析和半物理试验进行验证表明。

（1）计算/分析要求。建立燃油液压作动系统工作环境分析模型，分析各系统部件工作温度、压力范围，并规划相应半物理仿真试验等对该模型进行验证，分析时需要考虑液压油的温度和压力限制以及飞行包线的影响；此外，对比此经试验验证的计算模型的计算结果（环境）与各部件鉴定试验结果，表明液压作动系统各相关部件的工作环境范围满足系统要求。

（2）部件试验。针对每一个作动机构进行部件试验，验证其作动的温度和压力的工作能力。可结合第 33.91 条进行鉴定试验或引用其试验结果。

（3）半物理试验。对液压作动随控制指令的作动响应进行验证，证明其作动与控制的一致性。

（4）安全性分析要求。结合第 33.75 条总体规划，分析液压作动系统失效模式及

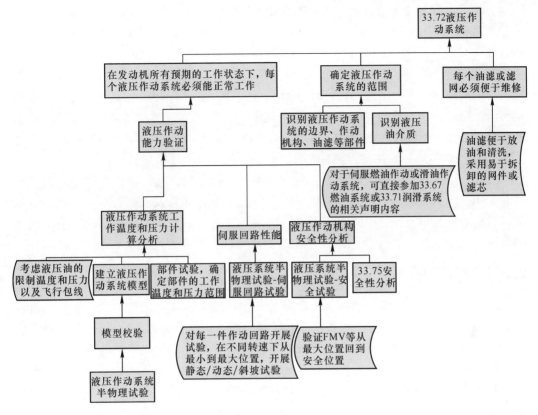

图 2-7　液压作动系统技术路径图

影响，并按系统安全性理论开展分析表明符合性。如果设计有失效安全位，可结合半物理试验验证其作动机构失效下会回到失效安全位。

2.8　CCAR-33.74　持续转动

2.8.1　规章原文

由于飞行中任何原因使发动机停车，如果停车后的发动机的任何主转动系统仍持续转动并且没有提供防止持续转动的装置，那么在最长的飞行周期内和在预期该发动机不工作的飞行条件下，任何持续的转动不得导致第 33.75 条（g）款（2）（i）～（vi）所描述的任何情况。

〔2016 年 3 月 17 日第 2 次修订〕

2.8.2　条款要求演变

持续转动条款是国际主流适航当局在航空发动机规章条款要求的协调统一化进程中产生的。1989 年美国 FAA 和欧洲 JAA 当局在巴黎召开会议，启动规章协同项目，要求对比当时欧美的适航规章 FAR-33 Amend11 和 JAR-E Change7。1992 年美国 FAA 和欧洲 JAA 当局在加拿大开展关于"风车与转子锁定试验要求"和"振动与振动试验要求"两项规章对比协同工作。历时 3 年的研究后，1995 年 3 月 FAA 正式颁布法规建议通告（NPRM），新增 33.74 条持续转动，提出发动机空停后的风车运转不能对飞机产生危害性影响的要求。考虑到 FAR-23.903 条（e）款（2）和 25.903 条（c）款中对于涡轮发动机的规定，当发动机的持续转动对飞机安全产生危害时，必须有措施停止发动机转子。JAR-E 针对无滑油状态下的风车规定了安全目标，FAA 将原有的 33.92 转子锁定装置条款进行修改，增加 33.74 条风车状态（后改为持续转动）条款要求，以对应于 FAR-23.903 条（e）款（2）和 25.903 条（c）款的安全目标。

另外，由于发动机制造商必须表明 33.74 条的符合性，其安全目标与相应的飞机针对 FAR-23.903 条（e）款（2）和 25.903 条（c）款风车运转发动机的要求一致，因此发动机制造商的相关符合性的信息可以提供给飞机制造商，从而减轻飞机制造商额外的为表明 FAR-23.903 条（e）款（2）和 25.903 条（c）款符合性验证工作。

2.8.3　产品和技术的变化

发动机空停后的持续转动与主传动系统和整体结构设计密切相关，运输类飞机发动机由于风扇叶片尺寸较大，风车状态的转速较高。直升机类的发动机转速相对较高，转子结构紧密，转静件间隙较小，但减速器的减速比较大，在故障空停后发动机持续转动的转速比较低。某些直升机公司通常认为发动机持续转动的概率不大，或者说只要直升机旋翼保持一定的转速，发动机即使持续转动也不会飞速运转，不会对发动机造成危害性的后果。

2.8.4　符合性思路

持续转动条款符合性验证思路包括：

（1）发动机持续转动原因分析，确定发动机发生持续转动的最严苛失效条件，为后续开展持续转动分析提供输入。具体要求：基于安全性分析中发动机空停的底事件，梳理导致发动机持续转动的失效事件；从失效事件导致的结构损伤、不平衡量和风车转速等几方面分析对发动机持续转动的影响；针对各种失效事件中最严苛的情况开展后续分析。

（2）单发延程运行（ETOPS）剖面分析，确定 ETOPS 剖面，为后续开展持续转动分析提供输入。通过飞发接口，获取单发延程运行剖面，主要数据包括：在不同飞行阶段下（如初始下降、巡航、降落以及进近）飞机的海拔高度、马赫数、运行时间等。

（3）发动机风车性能分析，为持续转动载荷分析和温度场分析提供输入。开展风车性能分析，确定发动机在典型的安装条件，高低压转子转速与飞行马赫数的关系，获取发动机各截面流量、压力、温度等参数。具体要求：应在发动机全包线内分析发动机风车性能；应考虑发动机受损伤（如 FBO、轴失效、轴承失效等）对风车转速的影响，为后续载荷分析提供输入。

（4）发动机风车运行试验，校核发动机风车转速分析模型，验证风车转速分析方法。开展风车运行试验，根据风车运行试验中测量的试验数据，修正分析模型。

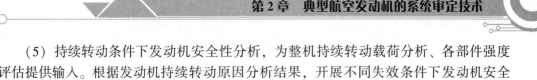

（5）持续转动条件下发动机安全性分析，为整机持续转动载荷分析、各部件强度评估提供输入。根据发动机持续转动原因分析结果，开展不同失效条件下发动机安全性分析。要求确定不同失效条件可能导致的二次损伤。

（6）整机持续转动载荷分析，确定最严苛的整机持续转动载荷，为后续部件强度分析提供输入。搭建整机载荷分析模型、开展不同失效条件下整机持续转动载荷分析。具体要求：分析过程考虑发动机持续转动原因分析中的不同失效条件；分析过程考虑初始失效事件对发动机带来的二次损失。

（7）整机载荷分析模型验证，验证整机载荷分析模型，确保载荷分析结果的正确性。开展不同层级的试验对整机载荷分析模型进行验证。具体要求：模型应包含所有主要发动机静子和转动部件；分析模型应能准确反映发动机和飞机间的连接界面；分析模型应能提供发动机各主要承力部件之间的界面载荷。

（8）持续转动条件下发动机、短舱温度场分析及验证

开展持续转动条件下发动机、短舱温度场分析，获取发动机各部件的温度分布，为发动机各部件的强度分析和防火分析提供输入。具体要求：温度场分析的对象要涵盖持续转动分析中关键零部件；温度场分析要提取出持续转动过程中发动机内可能的高温热表面。

开展持续转动条件下发动机温度场分析方法验证，获取发动机温度场分析方法和工具，为持续转动条件下发动机温度场分析提供方法工具支撑。

（9）应力、疲劳、钛火分析方法验证

开展应力分析方法验证，验证机匣类、转子类零件的应力分析方法，为各部件开展强度分析提供方法支撑，可参考第 33.70 条限寿件和第 33.62 条应力分析条款中的符合性工作。

开展疲劳分析方法验证，验证机匣类、安装节等零件的疲劳分析方法，为各部件开展疲劳分析提供方法支撑。

开展钛火分析方法验证，获取钛火分析工具和方法，为风扇增压级、高压压气机及低压涡轮钛火分析提供工具方法支撑。可参考第 33.17 条防火条款的符合性工作。

（10）强度分析

开展压气机轮盘、压气机轴、压气机机匣强度分析和压气机钛火分析，验证压气机在持续转动过程中不会出现可能引起危害性发动机后果的损伤或失效。具体要求：强度分析时应考虑发生持续转动的初始事件（如 FBO）对结构的影响；强度分析要包括静强度和疲劳评估。

开展燃烧室机匣和燃油喷嘴强度分析，验证燃烧室在持续转动过程中不会出现可能引起危害性发动机后果的损伤或失效。具体要求：强度分析时应考虑发生持续转动的初始事件（如 FBO）对结构的影响；强度分析要包括静强度和疲劳评估。

开展涡轮盘、涡轮轴、涡轮机匣的强度分析和低压涡轮钛火分析，验证涡轮在持续转动过程中不会出现可能引起危害性发动机后果的损伤或失效。具体要求：强度分析时应考虑发生持续转动的初始事件（如 FBO）对结构的影响；强度分析要包括静强度和疲劳评估。

开展不同持续转动条件下（如FBO、轴失效、轴承失效等）安装系统强度分析，验证在最长的风车飞行周期内，不同持续转动条件下安装系统不会失效导致安装系统脱开。具体要求：强度分析时应考虑发生持续转动的初始事件（如FBO）对结构的影响；强度分析要包括静强度和疲劳评估。同时开展安装系统强度分析方法验证，获取安装系统强度分析方法和工具，为不同持续转动条件下（如FBO、轴失效、轴承失效等）安装系统静强度分析提供方法工具支撑，可参考第33.23条发动机的安装构件和结构条款的符合性工作。

（11）持续转动条件下管路和接头疲劳试验

针对不同持续转动条件下（如FBO、轴失效、轴承失效等）燃滑油管道和接头、齿轮箱、滑油泵、滑油箱和燃油泵的受载情况，选取最严苛工况开展疲劳试验，验证在最长的风车飞行周期内，不同持续转动条件下燃滑油管道和接头、齿轮箱、滑油泵、滑油箱和燃油泵等部件不会失效导致不可控火情。

具体要求：

● 易燃液体存留或输送的管道和接头在最长的风车飞行周期内不能发生易燃液体泄漏；如发生泄漏，需确保此时发动机已无高温热表面。

● 齿轮箱等部件在最长的风车飞行周期内不能发生易燃液体泄漏；如发生泄漏，需确保此时发动机已无高温热表面。

● 滑油泵、滑油箱等部件在最长的风车飞行周期内不能发生易燃液体泄漏；如发生泄漏，需确保此时发动机已无高温热表面。

● 燃油泵等部件在最长的风车飞行周期内不能发生易燃液体泄漏；如发生泄漏，需确保此时发动机已无高温热表面。

（12）持续转动条件下轴承及轴承座强度和疲劳试验，针对不同持续转动条件下（如FBO、轴失效、轴承失效等）轴承及轴承座的受载情况，选取最严苛工况开展强度和疲劳试验，验证在最长的风车飞行周期内，不同持续转动条件下轴承及轴承座不会失效导致危害性后果。具体要求：试验应考虑发生持续转动的初始事件（如FBO）对结构的影响。

（13）持续转动条件下反推装置关键零部件疲劳试验，针对不同持续转动条件下（如FBO、轴失效、轴承失效等）反推装置受载情况，选取最严苛工况开展疲劳试验，验证在最长的风车飞行周期内，不同持续转动条件下反推装置不会失效导致危害性后果。

（14）持续转动条件下外部附件、AGB和TGB等的安装结构疲劳试验，针对不同持续转动条件下（如FBO、轴失效、轴承失效等）外部附件、AGB和TGB等的安装结构的受载情况，选取最严苛工况开展强度和疲劳试验，验证在最长的风车飞行周期内，不同持续转动条件下外部附件、AGB和TGB等的安装结构不会失效导致危害性后果。具体要求：试验应考虑发生持续转动的初始事件（如FBO）对结构的影响。

（15）持续转动条件下引气污染分析，针对不同持续转动条件下（如FBO、轴失效、轴承失效等）开展引气污染分析，通过引气阀的可靠性、压气机引气口压力、引气中污染物测定等手段表明符合性，验证在持续转动过程中，客舱用发动机引气中有毒物质浓度不会使机组人员或乘客失去能力。

（16）持续转动条件下点火系统放电分析，针对不同持续转动条件下（如 FBO、轴失效、轴承失效等）开展点火系统放电分析，通过点火系统失效概率分析、点火激励器放电时电流测量、放电情况的防护措施等手段表明符合性，验证在持续转动过程中点火系统不会持续放电，从而给地勤人员带来伤害。

（17）滑油完全丧失条件下整机持续转动试验

开展滑油完全丧失条件下整机持续转动试验，验证发动机在滑油完全丧失条件下，发动机在最长的风车飞行周期内不会发生危害性后果。具体要求：根据单发延程运行剖面确定试验工况；模拟发动机滑油完全丧失条件，运行 ETOPS 时间；试验结束后发动机各零部件不能有可能导致危害性后果的损伤或失效。

（18）燃油耗尽条件下整机持续转动试验

开展燃油耗尽条件下整机持续转动试验，验证发动机在燃油耗尽条件下，发动机在最长的风车飞行周期内不会发生危害性后果。具体要求：根据单发延程运行剖面确定试验工况；模拟发动机燃油耗尽条件，运行 ETOPS 时间；试验结束后发动机各零部件不能有可能导致危害性后果的损伤或失效。

综上所述，发动机持续转动的符合性路径图如图 2-8 所示。

2.8.5　符合性技术要求

为表明 33.74 持续转动条款的符合性，通常申请人应该首先明确导致发动机停车并持续转动的失效原因。随后明确发动机持续转动运行工况，如恶化的失效、载荷、转速和时间等。采用分析或试验的方法验证持续转动期间不会导致危害性发动机后果发生（不可控火情、安装系统失效导致的非故意发动机脱开等）。

2.8.5.1　发动机空中停车（空停）原因分析

发动机空停原因通常有正常空停和失效空停两类，正常的发动机空停（如 EEC 失效、超转保护起动、HMU 失去控制飞行员拉停发动机），不会引起结构任何失效，通常这些失效不会产生额外的转子不平衡、轴承失效、转子卡死，因此不会对发动机造成危害性后果。发动机失效导致空停因不同的设计而定，有飞行员指令性的空停和非指令性的空停，通常失效状态会有失去燃油供应、失去滑油压力指示、失去核心机叶片、主支承轴承失效、风扇轴承支承失效、吸入大鸟、风扇叶片丢失等。申请人应确定每个失效状态及其假设。

2.8.5.2　发动机空中停车持续转动的影响分析

申请人开展事件链条分析，从导致发动机空停事件出发，预测持续转动状态，进而评估持续转动事件的影响。

首先应分析持续转动运行状态，确定因没有锁定装置，故主转子系统仍然持续转动的前提假设。明确发动机最长持续转动时间，最长的发动机不工作的飞行周期通常为单发失效时的最长运行时间，可能遭遇的最长单发失效时间源于装机平台的典型飞

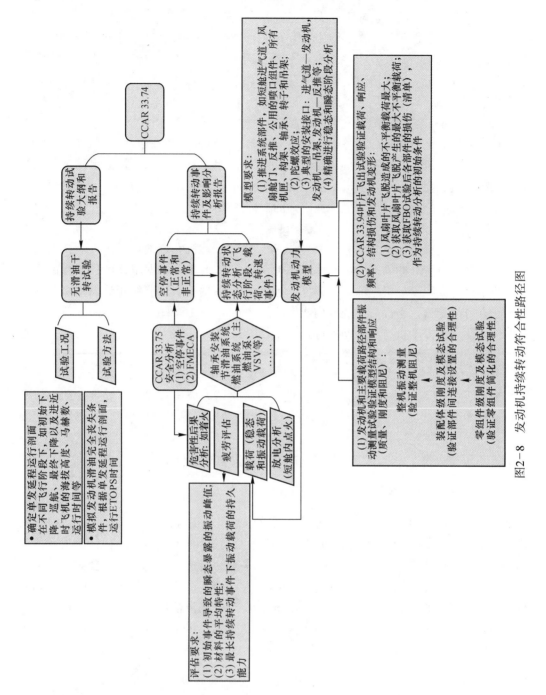

图2-8 发动机持续转动符合性路径图

行任务谱。明确持续转动期间不同飞行阶段下，发动机主转子转速，此时应考虑损伤的影响；持续转动过程中，风车转速会随着飞行马赫数及大气环境发生变化，因此除了持续转动的最长运行时间外，还需要明确持续转动期间发动机转速的变化情况，以用于后续的持续转动载荷分析。

随后进行发动机载荷分析，包括稳态载荷和振动载荷。分析、计算和验证工作有持续转动最大载荷工况确定及运行影响分析结果；关键的严苛的状态的识别；支撑系统结构强度分析计算；在给定初始事件导致的瞬态暴露的振动峰值和材料的平均特性条件下，通过疲劳评估，确定最长持续转动时间下振动载荷的持久能力；通过放电分析确保持续转动过程中点火激励器不会持续放电，导致地面维修人员受到触电危害。

最后评估持续转动对发动机的影响。其中持续转动对防火的影响中主要考虑，滑油系统部件失效引起的易燃液体泄露漏；载荷引起的外部管路组件裂纹；不平衡条件下使用钛材的压气机部件发生碰磨。是否会引起非故意的发动机脱开事件，主要考虑初始事件及后续损伤（如轴承干运转损伤）引起的载荷变化。

2.8.5.3　发动机无滑油持续转动试验

申请人通常应开展最严苛载荷和滑油丧失条件下持续转动试验（发动机试验），完成试验过程监测结果及试验后检查。

开展润滑及支撑系统在持续转动且滑油丧失条件下的功能分析，通过分析计算在滑油丧失条件下，轴承座圈由于转速、载荷和环境温度产生的热量，并基于该热量分析获得轴承座圈的温度。然后将该温度与试验验证过的临界温度值进行比较，从而判断轴承是否失效。

开展滑油丧失条件下整机持续转动试验，以验证在滑油丧失条件下，发动机在最长的持续转动周期内，在最严苛的载荷下，不会发生危害性发动机后果。试验时应测量安装系统的载荷。

2.8.5.4　发动机动力学模型分析和验证

在进行持续转动时发动机的工作状况分析中通常申请人会采用动力学模型计算载荷，其中模型要求能够充分模拟推进系统部件，如短舱进气道、风扇舱门、反推、公用的喷口组件、所有机匣、构架、轴承、转子和吊架；陀螺效应；典型的安装接口：进气道-发动机，发动机-吊架，发动机-反推等，并能够精确进行稳态和瞬态阶段分析。应通过发动机和主要载荷路径部件振动测量试验验证模型结构和响应，包括质量、刚度和阻尼等参数。采用第33.94条叶片飞出试验验证模型载荷、响应、频率、结构损伤和发动机变形。

2.9　CCAR-33.75 安全分析

2.9.1　规章原文

本条（a）款（1）为了评估预期可能发生的所有失效的后果，申请人必须对发动机及其控制系统进行分析。如适用，分析中必须考虑：

（i）与典型发动机安装相关的飞机级装置和程序假设，在分析中必须说明这些假设；

（ii）随之发生的二次失效和潜在的失效；

（iii）本条（d）款中的多重失效或在本条（g）款（2）中定义的导致危害性发动机后果的失效。

（2）申请人必须总结可能导致本条（g）款中定义的重要发动机后果或危害性发动机后果的失效，并且估算这些失效发生的概率。在总结中必须清楚确认其失效可导致危害性发动机后果的任何发动机零件。

（3）申请人必须表明，危害性发动机后果的预期发生概率不超过定义的极小可能概率（概率范围是（$10^{-7} \sim 10^{-9}$）/发动机飞行小时）。由于对单个失效估计的概率可能不够精确，导致申请人不能评估多个危害性发动机后果发生的总概率，所以可以通过预测，单个失效引起的危害性发动机后果的概率不大于10^{-8}/发动机飞行小时，来表明本条款符合性。如果不能绝对证明可以得到这样低的数量级的概率，那么可以通过依靠工程判断和以往经验并结合正确的设计和试验原理来表明本条款的符合性。

（4）申请人必须表明，重要发动机后果的预期发生概率，不超过定义的微小可能概率（概率范围是$10^{-5} \sim 10^{-7}$/发动机飞行小时）。

（b）中国民用航空局可以要求通过试验对任何有关失效和可能的失效组合的假设进行验证。

（c）某些单个元件的主要失效不能用数字合理地估计。如果该元件的失效可能导致危害性发动机后果，那么可以通过满足第33.15条、第33.27条和第33.70条（如适用）规定的完整性要求来表明本条款符合性，但必须在安全性分析中说明这些情况。

（d）如果依靠安全系统以防止失效发展到导致危害性发动机后果的程度，则必须分析安全系统与发动机本身共同失效的可能性。这样的安全系统包括安全装置、仪表、早期警告装置、维修检查和其他类似的设备或程序。如果安全系统的某些部件在发动机制造商的控制之外，应按第33.5条要求确定，与这些项目可靠性有关的安全分析假设，并且必须在安全分析和安装说明手册中明确。

（e）如果安全分析取决于下述一项或多项，则必须在分析中给予确认和适当的证明。

（1）在规定时间内完成的维修措施。包括验证可能引起潜在失效的维修措施的适用性。必要时，为防止危害性发动机后果的发生，维修措施和间隔期必须在33.4条要求的持续适航文件中公布。另外，如果发动机维修的错误，包括发动机控制系统维修的错误，可能导致危害性发动机后果，则必须在相关发动机手册中包含适当的程序。

（2）飞行前或其他规定时间，检测安全装置或其他装置能否正常工作。这种检测的细节必须在适当的手册中公布。

（3）使用无其他要求的专用仪表。

（4）按33.5条要求建立的使用说明手册应规定飞行机组人员的操作。

（f）如果适用，安全分析必须包括但不限于以下项目的检查：

（1）指示设备。

（2）人工和自动控制系统。

（3）压气机引气系统。

（4）冷却剂喷射系统。

（5）燃气温度控制系统。

（6）发动机转速、功率或推力控制器和燃油控制系统。

（7）发动机超转、超温或最大值限制器。

（8）螺旋桨控制系统。

（9）发动机或螺旋桨反推系统。

（g）除了另有中国民用航空局批准并在安全分析中已声明的情况之外，为符合 33 部要求，以下失效定义适用于发动机：

（1）一台发动机失效，其唯一后果是该发动机部分或全部丧失推力或功率（和相关发动机使用状态），这种失效应认为是轻微发动机后果。

（2）以下后果认为是危害性发动机后果：

（ⅰ）非包容的高能碎片；

（ⅱ）客舱用发动机引气中有毒物质浓度足以使机组人员或乘客失去能力；

（ⅲ）与飞行员命令的推力方向相反的较大的推力；

（ⅳ）不可控火情；

（ⅴ）发动机安装系统失效，导致非故意的发动机脱开；

（ⅵ）如果适用，发动机引起的螺旋桨脱开；

（ⅶ）完全失去发动机停车能力。

（3）严重程度介于本条（g）款（1）和（2）之间的后果是重要发动机后果。

［2016 年 3 月 17 日第 2 次修订］

2.9.2　条款要求演变

安全分析条款是航空产品设计和航空技术发展促成适航规章逐步完善的典型案例条款。20 世纪 70 年代，随着航空工业的迅速发展，民用航空发动机从经济性的考虑逐渐向三高方向发展，其设计复杂度逐渐增加，可靠性分析和安全性分析得到了进一步的发展。FAA 从各个航空公司的运行经验发现，采用部件局部的高可靠性设计往往难以带来发动机整机安全性的提高，因此在第 6 次修正案中增加用于要求设计复杂度评估的安全性分析的规章，反映了美国航空工业界对于发动机本身复杂性的深入研究，也是 FAR 规章完备性逐渐发展的表现。但是实际上，从规章的设计指导意义上讲，本次法规建议通告（NPRM）确定了发动机的 4 个顶事件，具有一定的可操作性，但其定义较为模糊，存在一定的歧义。在一定意义上说明从这时开始，安全性分析才刚刚进入航空发动机设计与制造的流程之中，对其研究还有待深入。

由于安全性分析技术的巨大进步，以及 FAA 对于航空发动机整机安全性分析的深入研究，使得安全性分析在航空发动机取证过程中具有极为重要的地位，2006 年 7 月 FAA 正式颁布 NPRM，提出建立更为完善的安全性分析的相关规章，与 EASA 所颁布的 CS-E 协调统一以便简化适航批准的产品进出口，确保所有发动机失效状态的累计风险到达可接受的低程度。同时明确发动机制造商和局方之间非常有必要在项目早期进行充分协调，确认发动机的安全目标中是否存在与预期安装机型相关的更加严苛的飞机标准要求。随后的第 24 次修订是安全分析条款制定道路上具有里程碑意义的节点，是对航空发动机的安全性分析进行了彻底的修订，具有极其详尽的细节描述，定义了航空发动机运行所出现的各种危险状态，同时，加强了FAR-33.75条与其他规章之间的联系，反映了FAR规章本身的系统性和复杂性。在最新的规章中确定了关键安全件的定义，即其原发性失效会导致航空发动机处于不安全的状态的部件。这一点与FAA采用FAR-33.70条替代FAR-33.14条的思路是完全一致的，即不再针对固定的结构形式——盘、毂、轴等，而是针对部件失效的后果，表明FAA从安全性分析的角度出发，按照危害影响而不是传统的功能结构形式划分航空发动机部件。另外安全性分析还确定了对于各个部件的结构完整性要求，即对于关键安全件，应当采用可接受的方法表明符合FAA的相应规章。关于这个条目的修改说明了FAR-33.75条与其他规章的区别，作为系统级的安全性分析，它在功能上与部件结构完整性要求的符合性方法是有区别的。鉴别关键安全件与确定整机的安全性水平是安全性分析的主要目标。基于风险管理的思路，FAA确定了发动机危害等级与可接受的失效概率，即所谓的危害性事件矩阵，要求对于每一个可分析的危害等级，应当能够给出证明表明这种危害发生的概率小于规章中确定的可接受的失效概率（通常小于10^{-5}/发动机飞行小时）。同时，FAR-33.75条还确定了应当实施安全性分析的子系统范围。

随着规章的逐步完善，各国局方针对条款的要求和执行给以相应的政策

（1）Policy 1999-33-35"关于美国联邦法规33部和35部咨询材料和规则的政策"（"Policy for Rule and Advisory Material Development under Title 14 of the Code of Federal Regulations（14CFR）Parts 33 and 35"）

1999年5月FAA针对当时规章层面（33部和35部）要求制造商评估发动机和螺旋桨失效在飞机层面的影响，做出政策解释。33部和35部分别针对单台发动机和单台螺旋桨给出安全分析的要求，其失效的影响是在发动机或螺旋桨层面上评估的。当发动机或螺旋桨进入飞机的适航取证环节后，特殊的安装要求会考虑发动机冗余的问题或各种故障状态的影响，这些属于飞机取证的范围，如FAR-23、25、27或29部，以提供关于飞机所有部件，包括发动机和螺旋桨的飞机级影响的要求。因此对33部和35部的修订应符合以下政策要点：

（a）术语"灾难性"不应与33部或35部一起使用，因为其隐含着飞机级影响或要求，这些影响或要求没有在33部或35部下进行评估。33部或35部中评估的是对发动机和螺旋桨持续安全运行构成威胁的故障条件，而不受任何飞机要求的影响。针对发动机或螺旋桨级的影响并没有实际或隐含发生概率的限制，如10^{-9}或"极不可能的"。

（b）如果33部或35部使用"危害""重大"或"微小"的术语来描述发动机或螺旋桨级故障条件的评估，则这些术语应单独定义或改为其他术语，以避免与飞机级影响评估混淆。

（c）由于安装方面的考虑，飞机级对单个故障的要求可能比发动机或螺旋桨级的要求更严苛，因此强烈建议发动机和/或螺旋桨制造商与飞机制造商之间尽早协调，以确保发动机和/或螺旋桨可以安装在目标机型上。同时发动机或螺旋桨的相关指导材料中应该标明何时和何地可能存在更严格的飞机级的要求。

（d）33 部和 35 部目前存在，而且持续会颁布比发动机和螺旋桨安全分析条款（如 FAR-33.75，FAR-35.15）更严格的要求，如吸鸟、吸雨/雹和控制条款。这些条款有具体的单发要求，旨在减轻飞机水平上的共因或共模导致的多发失效。如大型运输类发动机要求其控制系统软件的研制保证等级为 A 级，其作用是为减轻潜在的共因或共模故障。

（2）PS-ANE-33.75-01 "33.75 安全性分析指导材料"

2017 年 2 月 FAA 针对发动机审定中心和飞机审定办公室在使用规章 33.75 条上做出了解释和澄清。表示对 33.75 条符合性一般是通过经试验和服役经验验证的安全分析方法来表明的。安全分析是针对可以合理预期发生的所有失效可能性后果进行的评估。安全分析条款给出了所有危害性和重要性后果不能超出的概率值。安全分析通常作为 33 部其他设计和试验类条款要求的重要补充。一直以来有些申请人总是以某些失效发生概率是极不可能的来代替 33 部其他设计和试验类条款的符合性，由于这些错误的应用，FAA 提出申请人不能使用某种失效发生概率不可能或极不可能来验证 33 部其他条款的要求，除非在所述规章允许的条件下，进一步解释并澄清了 33.75 条与 33 部其他条的关系。33.75 条是 33 部中独立的要求，除非 33 部的其他条允许，否则安全分析是不能替代其他条款要求的。

（3）旋翼飞行器的发动机空停和功率损失的不安全状况或风险的审定备忘录（Certification Memo Deremination of a Unsafe condition or risk of rotor craft engine IFSD and Power LOSS）

针对单发/多发直升机空停（IFSD）的风险，EASA 提出制造商判断不安全事件的流程和局方确认不安全事件并颁发适航指令（AD）的流程政策要求，作为发动机和直升机设计持续适航的一部分。一直以来直升机由于发动机空停或功率损失造成的安全风险都是在良好的设计、制造和维护实践，以及可以保证持续安全飞行或安全着陆的操作提示控制管理的。尽管如此，仍然存在一定空停和功率损失的风险，这些事件发生时如果遇到不利的运行条件将导致紧急着陆或是更糟的事故发生。适航规章层面对空停和功率损失的要求见表 2-1。

表 2-1　空停和功率损失的要求

发动机规章-CS-E（＊）	直升机规章-CS-27/29
CS-ED 分部-涡轮发动机设计和构造	CS-27/29E 分部-动力装置
CS-E 510 安全性分析：	CS 27/29.901 安装：
（g）一台发动机失效的唯一后果是功率或推力的部分或全部损失被认为是轻微的发动机后果。	（b）对于每一个动力装置的安装：
AMC E 510 安全性分析：	（1）用于安装的每个部件都必须被构建、安排和安装，以确保其在需要批准的温度和海拔范围内的正常检查或大修之间持续安全运行；
（3）特殊方法．	CS 29.901 安装：
（f）一般认为，涉及完全失去推力或功率的发动机故障是可以在服役过程中预期发生的，飞机应该能够控制这种事件。为了进行发动机安全分析和发动机审定，除推力损失外，没有外部影响的发动机故障可视为轻微发动机后果。这种假设可以在飞机审定期间重新考虑，在此期间，可能会充分考虑发动机冗余等安装	（c）对于每一个动力装置和辅助动力装置的安装，必须没有单点失效或可能的组合失效危及宣仪航空器的安全运行，如果结构元件的失效率是极不可能的，则不需要考虑。
	CS 27/29.1309 设备，系统和安装

表 2-1（续）

发动机规章-CS-E（＊）	直升机规章-CS-27/29
影响。这种重新评估仅适用于飞机审定，不影响发动机审定。 **CS-E SUBPART A -总则** CS-E 50 发动机控制系统： （c）发动机控制系统失效。发动机控制系统必须被设计和构造成： （1）失去推力控制的发生率需要与预期飞机使用的安全目标相一致，是可以达到的。 AMC 20-3A 安装电子控制系统的发动机审定（Certification of Engines Equipped with Electronic Engine Control Systems） （7）发动机控制系统一体化 （d）可接受的失去推力控制的发生率 申请人可提出除以下情况外的失去推力控制的发生率。这样的建议应该考虑与预期安装的发动机和控制系统的严重性。目的是展示失去推力控制的发生率与类似安装的现有系统是相等的。 （i）对于涡轮发动机 发动机电子控制器不应该造成每 10 万飞行小时发生多于一次失去推力控制的事件。	（a）CS-29 部要求的设备、系统和安装的功能必须被设计为在预期的运行条件下可以满足预期的功能。 CS 27.1309 设备，系统和安装 （b）多发旋翼航空器的设备、系统和安装必须设计成能阻止旋翼机发生可能的失效或故障。 （c）单发旋翼航空器的设备、系统和安装必须设计成使旋翼航空器可能发生的失效或故障降至最小。 CS 29.1309 设备，系统和安装 （b）旋翼航空器的系统和相关部件需要分开考虑，与其他系统相关时，需要设计成满足以下要求： （1）对于 B 类旋翼航空器，设备、系统和安装必须设计成可以阻止旋翼航空的失效或故障；或者 （2）对于 A 类旋翼航空器： （i）阻止旋翼航空器持续安全运行和着陆的任何失效状态的发生概率应该是极不可能的； （ii）降低旋翼航空器能力或者机组应对飞行不利条件能力的发生概率应该是不可能的。

＊："发动机级"定义来自于 AMC 20-3A "安装电子控制系统的发动机审定"（Certification of Engines Equipped with Electronic Engine Control Systems）和 AMC E 50 "发动机控制系统"（Engine Control System）。

＊＊：A 级和 B 级直升机定义来源于 CS-定义（Definitions）.

在 CS-E510 中，发动机 IFSD 或功率损失被归类为轻微发动机后果。AMC E510 确认了这一分类，但要求在飞机审定过程中重新考虑这一假设，同时明确指出，这一重新评估并非有意影响发动机审定。在 CS-E 中，没有预测轻微发动机后果发生率的要求或指南，只有重要性发动机后果发生概率不超过 10^{-5}/飞行小时可以作为比较。还应指出，AMC 20-3A 对 EECS 引起的 LOTC/LOPC 事件的要求恰好是不超过 10^{-5}/飞行小时。

B 类直升机没有保证在发动机故障时继续安全飞行的能力和非计划着陆。对于 A 类和 B 类直升机，AC 29.1309 定义了这些安装构型的失效条件、概率等级和安全目标。然而，CS 27.901、CS 29.901、CS 27.1309、CS 29.1309 和 AC 29.1309 都没有对发动机 IFSD 或功率损失的影响和发生的概率提出具体要求或指导。CS 27/29.1309（a）中要求设计设备、系统和装置时应确保它们在任何"可预见的操作条件"下履行其预期功能。

因此 EASA 向发动机、直升机和局方提出如下要求：

发动机和直升机持证人的任务是收集发动机 IFSD 和功率损失的数据；监控发动机 IFSD 和功率损失数据的趋势；识别造成 IFSD 和功率损失事件发生的发动机或直升机缺陷；发动机和直升机方共同评估上述数据并就事件本身向发动机或直升机型号设计中分配深入分析方案达成共识；开展风险评估（评估服役机队 IFSD 和功率损失事件发生概率、评估直升机层面发生潜在 IFSD 和功率损失事件的影响、给出潜在不安全事件发生的概率限制）；提出发动机和直升机改正措施的建议；定期与 EASA 分享数据。

EASA 的任务是批准发动机和/或直升机持证人的改正措施；研究适航指令来管理上述纠正措施；根据发动机和/或直升机持证人的提案，确定适航指令的适用性、实施纠正措施的期限；颁发适航指令。如果不安全状态尚未确定，但是纠正措施预期可以提高安全水平，EASA 将考虑颁发安全信息通告（SIB）推荐实施纠正措施。

2.9.3　产品和技术的变化

随着航空产品特别是复杂系统的集成化越来越高，安全性评估的重要意义日益凸显，适航规章上的重要变化来源于工业的最佳实践，1996 年美国汽车工程师学会（SAE）发布 ARP4761 "民用机载系统和设备安全性评估过程的指南和方法，提供了民用飞机机载系统和设备，在合格审定过程中进行安全性评估的指南和方法，包括功能危害性评估（FHA）、初步系统安全性评估（PSSA）、故障模式及影响分析（FMEA）、故障树分析（FTA）、共因分析（CCA）、系统安全性评估（SSA）等，主要用于表明对飞机 25.1309 设备系统及安装适航条款的符合性。SAE ARP 4761 明确民用飞机/相关系统和设备的安全性评估要求的产生、与飞机研制活动相匹配的验证性工作、典型活动、方法和文件，是目前主流适航当局推荐的系统安全的符合性方法。

与此同时，考虑到安全性评估工作与产品研发过程密切相关，通过过程控制来保证复杂系统的安全性，1996 年 SAE 发布 ARP 4754 "高度综合或复杂飞机系统的合格审定考虑"，2010 年升版为 A 版 SAE ARP 4754A "民用飞机和系统开发指南"，阐述了为满足合格审定和产品保证而对设计需求的确认和对设计实现的验证。该指南主要针对支持飞机级功能的系统，而且其失效模式有影响飞机安全性的可能。通常来说，这些系统在更广泛的综合环境中与其他系统之间有重大的交联关系。这些系统需要增加设计规范和研制体系，以确保安全性和运行需求可以完全实现并被证实。虽然经欧美局方认可也推荐使用，但在国内外民用飞机/发动机/系统上并未得到全面贯彻应用，特别是当波音 737 MAX 在 2018 年 10 月 29 日和 2019 年 3 月 10 日先后两次出现重大事故后，联合局方技术审查机构（简称 JATR）针对研制过程保证提出具体的要求，明确局方应确保申请人应用行业最佳规程进行开发保证，包括需求管理、假设可见性，过程保证活动和构型管理；同时应确保实现申请人安全分析过程和开发保证过程之间的紧密耦合，以对失效条件进行分类，并得出设计开发和验证的严格程度；局方应修订相关咨询通告以明确阐明 SAE ARP 4754A 的原则，促进飞机和飞机系统开发保证的行业最佳规程，以解决申请人在飞机功能和系统之间日益集成的设计趋势。

2.9.4　符合性思路

安全分析条款的符合性思路包括以下几方面。

2.9.4.1　确认安全分析的范围和假设

航空发动机顶层需求定义：发动机基本需求、市场和客户需求、适航要求，以及其他要求。

航空发动机功能辨识：辨识发动机级功能，功能需求和功能接口等。

航空发动机架构设计：发动机架构和组成，捕获安全性需求并确认后完成发动机及其系统架构开发，开展故障树分析（FTA），明确可以导致各个顶事件，尤其是危害性发动机后果和重要发动机后果的顶事件的失效及其概率。安全分析的对象包括风扇增压级、高压压气机、燃烧室、低/高压涡轮、传动系统、燃/滑油、空气和控制系统及其零部件、软硬件、(d)条识别的安全系统、(f)条识别的项目（如指示设备、自动控制系统、引气系统、燃油温度控制系统、超转超温等限制装置）。

安全分析包含原发失效、产品失效后引发的二次失效、安全系统和发动机本身共同失效的多重失效、产品失效中的潜在失效（确定暴露时间）。针对(d)定义的多重失效，通过故障树分析计算安全系统与发动机共同失效导致危害性后果的概率。发动机功能危害性分析（FHA），确定发动机和各系统功能，及其功能失效或丧失导致的危害性等级，发动机功能向各系统功能的分配，明确发动机及其各个系统级顶事件，识别危害性和重要的发动机后果，典型的发动机危害性后果和重要后果清单见表2-2。确认一旦失效可导致危害性发动机后果的零部件，识别限寿件，同时确定满足33.15、33.27、33.70条的证据可以作为限寿件安全分析的符合性证据。

表2-2　发动机危害性后果和重要后果清单

危害性发动机后果	非包容高能碎片
	有毒的客舱引气
	与飞行员指令方向相反的推力
	不可控起火
	安装系统失效
	完全失去停车能力
	发动机引起的螺旋桨脱开
重要发动机后果	可控的起火（使用发动机停车或机载灭火系统可以控制住的起火）
	烧穿机匣，但可以表明没有发展成危害性的发动机影响
	低能碎片飞出，可表明不会发展成危害性的发动机影响
	导致飞机机组成员不舒服的振动
	座舱用发动机引气空气中有毒物质的浓度降低飞行机组成员的操作能力
	与飞行员指令方向相反的推力，低于危害性的发动机影响规定的水平
	产生的推力大于最大额定推力
	发动机支承载荷路径失去完整性，但发动机没有实际脱开
	明显的不可控的推力振荡
轻微发动机后果	一台发动机失效，其唯一后果是该发动机部分或全部丧失推力或功率（和相关发动机使用状态）

通过与预期装机对象飞机方协调获取输入，确认相关的飞机级装置（如灭火和告警等）和程序假设，并在发动机以及各部件系统安全性分析报告中予以明确，在安全分析中考虑这些飞机级装置和程序的影响。

按照规章要求，在安全性分析中必须要考虑除了发动机本体之外的其他相关设备或系统的影响，包含但不限于：指示设备（指示系统安全分析）；飞机提供的电源和数据（控制系统安全分析）；压气机引气系统（客舱有毒气体分析）；燃气温度控制系统（控制系统安全分析）；发动机转速、功率或推力控制器和燃油控制系统（控制系统安全分析）；发动机超转、超温或最大值限制器（非包容高能碎片分析）；发动机反推系统（反推非指令打开分析）。

2.9.4.2　安全性分析流程（与研制过程的对应关系）

安全性评估过程是安全性要求确定、分配、确认、设计实现（包括图样、分析、计算和试验等）和验证的过程。通过发动机 FHA，结合第 33.75 条（g）款要求识别出危害性发动机后果和重要发动机后果，通过发动机初步安全性评估、将上述后果作为顶事件进行故障树分析逐层向下分解，寻找故障逻辑并形成对零部件的安全性要求（失效和概率），通过安全性分析与设计的迭代，综合 FMECA、故障树分析、安全性评估验证发动机的设计是否能够满足危害性和重要发动机后果的失效概率要求。

在发动机研制过程中，在初步设计结束前系统、设备应完成初步 FMECA 分析，在详细设计结束前，应完成设备、系统的详细 FMECA 分析工作。失效模式影响分析 FMECA 明确每个发动机及其系统或零部件的失效状态，以及其影响后果分析，包括采取的措施，用来支持发动机 FTA 中考虑的失效模式所对应的失效率。通过对 FTA 中的危害性发动机后果和重要发动机后果顶事件的发生概率评估，以确认设计是否满足顶层安全性要求。针对与门事件开展共因分析，确保独立性，顶事件概率满足安全目标要求。开展吸鸟、吸雨、吸雹、雷电、EMI、HIRF 等特殊风险分析；开展系统和设备安装、维修失误、外部环境变化、系统运行等区域影响分析；开展软硬件开发错误、硬件故障、制造维修错误、安装错误、环境因素（温度、振动、湿度等）、共同外部起因故障的共模影响分析。

2.9.4.3　安全分析的支持数据

为满足定性和定量的安全目标要求，应分析所用的数据及可用性，包含数据来源（工程判断、使用经验数据、试验、工程分析和计算、供应商数据）、数据类型、数据验证、数据可用判断标准。按照不同零部件的分类（机械件、电子元器件、自研部件等），对应不同的数据来源（国内外工业标准、服役数据、同类型产品的使用数据等），进行数据可用性的判断，作为安全等 FMECA 中主要数据的支撑。

2.9.4.4　安全分析方法、工具和过程

针对涡轮发动机，本节给出典型危害性发动机后果的分析方法和过程：

（1）通过故障树分析非包容的高能碎片发生的原因，可以识别的原因包括）：主要旋转件（盘、轴、毂等）失效；主要轴承失效；高低压转子显著的超转；涡轮盘过热；外物吸入；内部着火；多重/大量叶片飞出；高压压气机机匣/燃烧室机匣破裂；风扇叶片飞出（不包容的内含物低能碎片和高能碎片）。

针对主要旋转件失效，通过工程判断，结合第 33.15 条、第 33.27 条、第 33.70 条等的符合性工作，说明其失效导致危害性发动机后果的概率满足条款要求。针对轴承

失效，通过强度分析说明轴承能够承受运行过程中的正常载荷和不正常载荷，结合设计说明在失去润滑情况下的游隙能够保证轴承在一定的时间内正常工作，不会造成盘、轴等零件的不平衡以及断裂。针对涡轮盘过热，基于33.88条的符合性工作，说明涡轮盘在超温情况下能够持续运转一段时间，结合冷却管路的冗余设计说明涡轮盘丧失冷却并发生破裂的概率被减至最低。针对内部起火，结合发动机防火设计和涡轮盘过热分析，说明火灾不会造成非包容事件。针对外物吸入导致的非包容事件，将结合外物吸入条款的符合性分析和试验进行说明。对于多重叶片失效导致的非包容事件，将结合短舱的设计与分析，表明碎片在穿透机匣后能够被短舱包容或者将碎片降低为低能碎片，从而表明对本条款的符合性。

（2）通过故障树分析客舱用发动机引气中有毒物质浓度足以使机组人员或乘客失去能力发生的原因，可以识别的原因包括滑油泄漏分解产生有毒气体进入压气机流道；高压压气机转子碰磨产生有毒气体进入压气机流道。

针对上述原因，分析有毒物质的流动速度是否过快以致机组来不及阻止危害，通过设置阻止有毒物质进入客舱的安全防护措施（除飞机环控系统以外）或对有毒物质进行探测降低引气有毒的影响；试验测量发动机产生有毒气体的种类、浓度，表明有毒气体种类和浓度满足 SAE ARP 4418 标准要求；向飞机方确认是否安装有引气关断阀。若有，则分析引气关断阀与发动机同时失效的可能性。并在分析中说明，当引气关断阀发生失效无法关闭时，飞行员应关闭发动机，将相应的操作流程写入相关操作手册；提供座舱用发动机引气空气中有毒物质的排出率和浓度方面的支持数据，作为发动机安装说明书中的一部分，并将飞行员察觉到客舱引气有毒应采取的措施（启用氧气面罩、关车等）写入相关操作手册；通过故障树分析表明该事件的发生概率满足条款要求。

（3）与飞行员命令的推力方向相反的较大推力的原因包括：移动外罩锁意外解锁；飞机意外为反推控制单元（TRCU）接通 115V 三相供电；TRCU 意外执行反推展开指令导致的非指令性反推力装置启用。或者当反推指令启用时，产生大的向前的推力（着陆阶段）。

针对上述原因，通过分析表明，当移动外罩锁未解锁时，即使反推控制单元发出指令，移动外罩锁仍然能够承受电反推作动筒的推力而不会使反推装置打开；通过分析，表明所有的移动外罩锁均能够承受叶片脱落施加的载荷而不会意外失效导致反推打开；移动外罩锁包含左右移动外罩锁和吊挂锁，当且仅当这三个锁同时打开反推才有可能打开。通过故障树分析计算反推意外打开的概率，结合前述两点分析，表明对本条款的符合性。

如果反推指令在着陆阶段启用，飞行员可通过踩刹车和发动机停车降低飞机速度，若此时无法停车，则可能产生危害性发动机后果，此时符合性验证工作可参考完全失去发动机停车能力的符合性思路进行验证。

（4）通过故障树分析发动机着火的原因，可以识别的原因包括：风扇滑油/燃油起火；核心机舱滑油/燃油起火；增压级或压气机钛火；发动机油槽滑油/燃油起火。

从可燃液体、点火源、火区、检测和灭火几个方面评估着火影响的严重性。首先划定火区，并从火灾探测装置、设备的布置、密封装置、灭火装置、冷却通风和排液几个方面说明发动机的设计考虑了上述四种火灾情形的探测与防护。其次，针对上述发动机起火的原因，结合 33.17 条的符合性验证工作，说明发动机防止或抑制火灾发生的能力，通过故障树分析计算不可控火情的失效概率，表明对本条款的符合性。

（5）发动机安装系统失效导致非故意的发动机脱开，可以识别的原因包括：在发动机高速运转下，转子卡滞造成非正常的高扭矩载荷（高载荷）；发动机主要转子故障，导致发动机严重不平衡（高载荷）；发动机安装系统或结构有缺陷（疲劳、腐蚀、制造缺陷、维修差错）。

针对上述原因，结合第 33.23 条的符合性工作，通过分析表明安装系统能够承受限制载荷和极限载荷而不会发生失效；声明材料控制、制造过程控制的内容表明已采取措施减少缺陷的产生；通过故障树分析，表明安装系统失效导致非故意的发动机脱开的失效概率满足条款要求。

（6）通过故障树分析完全失去发动机停车能力的原因，可以识别的原因包括：燃油供油管路高压关断阀（HPSOV）在打开位置失效（失效安全设计）；（且）燃油计量阀（FMV）在打开位置失效（失效安全设计）。

针对上述原因，通过分析说明 HPSOV 和 FMV 的设计能够避免外物损伤或被外物卡滞；HPSOV 和 FMV 包含于 FMU 内，通过分析说明 FMU 的设计能够承受发动机使用过程中的振动而不会造成阀门失效；通过分析说明 FMV 在丧失电源驱动时会逐渐关断；通过分析说明 HPSOV 和 FMV 受两个独立的单元控制，不会发生共模失效，利用故障树分析完全失去发动机停车能力的失效概率，并综合前述三点分析，表明对本条款的符合性。

2.9.4.5　安全系统

安全系统主要包括保护装置（如直升机灭火系统、超转保护系统、包容环等）、锁定装置（如直升机引气开关、防火开关）、各类信号报警、安全仪表系统等安全装置，以及需要的特定检查、规定的维护间隔、要求的机组的特殊活动等。通过梳理故障树分析中的"与门"事件，依据安全系统的内涵，判断安全系统；通过共因分析确认安全系统的独立性。

2.9.4.6　维修措施

对于可能导致危害性发动机后果的潜在失效，将其维修措施和维修间隔在翻修手册、维护手册的适航限制章节进行公布。对于可能的维修错误（包括：常规维护后，未将滑油系统或管道的检查口盖恢复到完好状态，其他系统类似；装错密封圈；使用不正确的液体保养；对某些零件（如轮盘、轮毂和隔圈等）的不正确的维护导致失效，从而给发动机带来危险影响）提出预防措施，并在相关手册中公布对应程序。

2.9.4.7　安全装置和其他装置

检测安全装置或其他装置包括保护装置（如直升机灭火系统、超转保护系统、包容环等）、锁定装置（如直升机引气开关、防火开关）、各类信号报警、安全仪表装置等。通过梳理故障树分析中的"与门"事件；依据检测安全或其他装置的内涵，结合"与门"事件，梳理判断出所涉及的检测安全装置以及装置的失效模式；分析针对装置失效模式所需采用的检测措施，并写入安装说明手册。

2.9.4.8 专用仪表

专用仪表是指经过安全分析结果产生的非发动机和飞机要求安装的仪表。通过发动机 FMECA 分析中针对零部件故障的"故障检测措施"分析梳理是否涉及专用仪表，并在分析中确认和说明。

2.9.4.9 机组人员的操作

在发动机 FMECA 分析中针对零部件故障的"机组人员操作措施"进行分析，从而汇总出需要的飞行机组人员的操作并写入安装使用手册。

综上所述，发动机安全性分析的符合性路径图如图 2-9 所示。

2.9.5 符合性技术要求

为表明第 33.75 条安全分析的符合性，通常申请人应该首先建立发动机安全分析流程，依据流程开展安全评估工作，确保产品满足各级安全目标要求。依据需求定义、功能辨识和接口分析，利用功能危害分析方法确定发动机安全目标，如灾难性后果、危害性发动机后果、重要性发动机后果和轻微发动机后果等事件及发生概率。通过故障树、故障模式与影响分析等方法，完成发动机、系统和零部件安全目标的逐级分配、确认和验证的过程，通过共因分析确保发动机不能因共因事件而发生危害性后果，这些共因事件的发生概率在可控范围内。对发动机手册信息进行确认和证明，包括机组人员操作、维修措施和维修间隔；安全系统包括保护装置（如直升机灭火系统、超转保护系统、包容环等）、锁定装置（如直升机引气开关、防火开关）、各类信号报警、安全仪表装置等的假设和检测信息。

2.9.5.1 发动机安全分析流程

申请人应说明安全分析和研发过程的关系，明确研发阶段如概念设计阶段、初步设计阶段、详细设计阶段、验证阶段对应的安全分析工作和设计工作的迭代。具体要求如下：

- 安全目标的逐级分配、确认、验证环节。
- 规定安全分析的方法和指导：确保 FHA 整机功能完整性；系统功能完整性、失效模式完整性、飞行阶段覆盖率、发动机级失效状态合理程度、历史数据的应用。确保 FTA 系统架构满足安全目标要求、工程经验符合性、故障树合理性。确保 FMEA/FMECA 失效模式全面性、失效影响合理性、使用经验的应用。确保 PSSA 安全分析与设计过程的迭代、安全假设的记录与更新、共模故障的防止措施。确保 SSA 安全分析衍生需求的满足、安全性分析假设的验证。

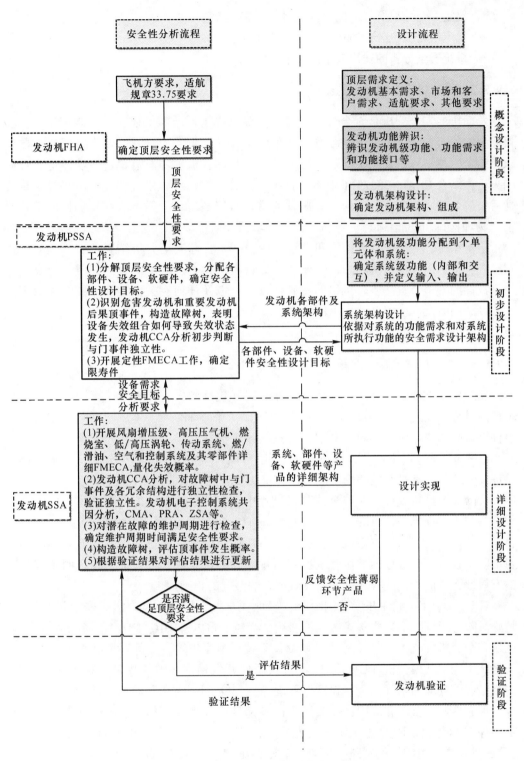

图 2-9　发动机安全性分析的符合性路径图

- 规定安全分析所得的问题向设计的反馈机制。
- 规定根据安全分析所进行的设计修正。
- 系统安全分析的输出及信息更新。

2.9.5.2 发动机安全性目标的获取

发动机的安全分析是否合理、完整、正确取决于顶层需求捕获、功能辨识和安全目标确定是否充分。申请人应考虑飞机方和客户的需求、CCAR-33 部发动机规章的要求，结合以往型号研发经验确定顶层的安全性目标；梳理功能清单进行功能危害性影响分析；结合 CCAR-33.75 条中 7 个顶事件的技术要求，识别灾难性、危害性、重要性后果，合理确定安全分析假设。假设通常包含安装对象，如飞机和发动机的接口要求（物理接口和功能接口），飞机上的安装形式和通信接口，传感器信号的可靠性要求等；指示系统；短舱内着火探测和灭火器的设置。支撑安全分析结果的特殊假设，针对检查、维护以及机组活动的特殊要求，如特定的检查、规定的维护间隔、非发动机构型设计的安全装置、要求机组的特殊活动等；以及任何有关失效和可能的失效组合的假设。同时发动机安全分析工作明确了限寿件的范围，通过 FHA、PSSA 识别一旦失效会导致危害性发动机后果的零部件。

2.9.5.3 发动机安全目标逐级分解、确认和验证

安全性要求确定、分配、确认、设计实现（包括图样、分析、计算和试验等）和验证的过程。通过 CJ-1000A 发动机初步安全性评估，将灾难、危害、重要后果作为顶事件进行故障树分析逐层向下分解，寻找故障逻辑并形成对零部件的安全性要求（失效和概率），通过安全性分析与设计的迭代，综合 FMECA、故障树分析、安全性评估验证发动机的设计是否能够满足危害性和重要发动机后果的失效概率要求。

故障失效逻辑验证，在安全性分析过程中，有关失效和可能的失效组合的假设大部分是基于工程判断给出的，应适当说明；可以参考以往的相关使用经验、工程分析、材料、部件、台架试验或整机试验或上述方法的组合来证明工程判断的有效性；如果对证明工程判断有效性的工作存疑，则通过额外的试验或其他验证手段证明工程判断的有效性，进而验证失效和可能的失效组合的假设的正确性。

针对"与门"事件开展共因分析，确保独立性，顶事件概率满足安全目标要求。特殊风险分析（PRA）中考虑吸鸟、吸雨、吸雹、雷电、EMI、HIRF 等特殊风险分析；区域安全分析（ZSA）中考虑系统和设备安装、维修失误、外部环境变化、系统运行等区域影响；共模分析（CMA）中考虑软硬件开发错误、硬件故障、制造维修错误、安装错误、环境因素（温度、振动、湿度等）、共同外部起因故障的共模影响分析。

可靠性数据获取和应用，应按照不同零部件的分类（机械件、电子元器件、自研部件等），对应不同的数据来源（国内外工业标准、服役数据、同类型产品的使用数据等），进行数据可用性的判断，作为安全等 FMECA 中主要数据的支撑。

完成系统安全评估报告，表明申请人采用 FTA 和 FMEA 的方法检验设计要求已经满足发动机/系统 FHA 与 PSSA 功能、结构和零部件故障状态和相关安全性要求。报告

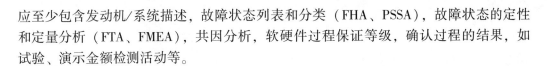

应至少包含发动机/系统描述，故障状态列表和分类（FHA、PSSA），故障状态的定性和定量分析（FTA、FMEA），共因分析，软硬件过程保证等级，确认过程的结果，如试验、演示金额检测活动等。

2.9.5.4　手册信息的确认和证明

开展维修措施和间隔期的分析，通过发动机 FMECA 分析中"使用维护措施"确定发动机零部件需要的维修措施；通过 MSG-3 分析确定维修间隔；采用故障树分析方法，验证验证措施和维修间隔的合理性。

梳理可能的维修错误并制定预防措施，依据服役经验或工程判断梳理可能的维修错误，包括常规维护后，未将滑油系统或管道的检查口盖恢复到完好状态，其他系统类似；装错密封圈；使用不正确的液体保养；对某些零件（如轮盘、轮毂和隔圈等）进行不正确的维护等。同时应制定预防措施并确认措施有效性。

安全装置或其他装置的检测方案：通过梳理故障树分析中的"与门"事件，针对保护装置（如直升机灭火系统、超转保护系统、包容环等）、锁定装置（如直升机引气开关、防火开关）、各类信号报警、安全仪表装置等，梳理判断出所涉及的检测安全装置以及装置的失效模式，分析针对装置失效模式所需采用的检测措施及其有效性，并写入安装说明手册。

专用仪表的确认：该特定仪表是指经过安全分析结果产生的非发动机和飞机要求安装的仪表。通过发动机 FMECA 分析中针对零部件故障的"故障检测措施"分析梳理是否涉及专用仪表，并在分析中确认和说明。

机组人员操作：在发动机 FMECA 分析中针对零部件故障的"机组人员操作措施"进行分析，从而汇总出需要的飞行机组人员的操作并写入安装使用手册。

2.9.6　问题纪要

伴随着民用飞机及其系统的复杂程度的提高，除了软硬件的研发错误（例如，错误的需求、设计或实现）会影响飞机的安全性外，系统层级的研发错误也会影响飞机的安全性，同时这些系统的复杂性也增加了产生研制错误的可能性。考虑到传统上应用于确定性风险或传统非复杂系统的设计和分析技术可能无法为复杂系统提供足够的安全保障，开发保证作为一种应用于飞机/发动机及其系统的方法，可以确保在日益复杂和集成的飞机系统中的安全与兼容设计。RTCA 在 2012 年发布的 DO-178C "机载系统和设备合格审定中的软件考虑"和在 2000 年发布的 DO-254 "机载电子硬件的设计保证指南"是可接受的机载软件和电子硬件研制保证的符合性指南。随着 DO-178C 和 DO-254 的广泛使用，软硬件的设计错误通过研制保证的方法获得了很大程度的缓解。然而，软硬件相关的研制保证过程不足以减缓飞机、发动机及系统设计错误的风险，即软硬件的过程保证无法解决系统层级、发动机和飞机层级的设计错误风险，系统层级、发动机和飞机层级同样需要研制过程保证。因此，飞机、发动机和系统级的研制保证活动是必要的，用来减少存在于飞机、发动机和系统中设计错误的可能性。

通常在航空发动机型号审查过程中，局方会生成问题纪要以记录产品研制过程保证活动的要求和方法，用于以足够的置信度证明，产品需求、设计与实施过程的设计错误已被识别和纠正，且满足相应的审定基础的活动。同时这些活动应是经策划的、系统性的活动。

具体要求如下：

发动机电子控制系统（EECS）含有软件和/或电子硬件，不能被归为"简单"系统。因此，审查组认为在 EECS 级开展研制保证活动，是用于证明 CCAR－33.28 条（b）款（1）和 CCAR－33.75 条（a）款的符合性所必需的。该问题纪要并非要求在整机级别应用研制保证过程，申请人应特别注意以下几个方面：发动机电子控制系统（EECS）；从整机和飞机制造商分配给 EECS 的需求；EECS 和其他系统/部件的接口需求。

由于 EECS 的范围以及 EEC 和其他机械部件的接口关系因项目而异，审查组期望申请人提出关于研制保证（Development Assurance，DA）过程适用范围的建议，以支持 EECS 对 CCAR－33.28 条（b）款（1）和 CCAR－33.75 条（a）款的符合性证明。申请人应特别注意由安全性评估产生的安全性相关的需求。审查组希望申请人解释这些安全性需求如何被研制保证过程捕获。审查组同时也期望申请人解释如何处理设计变更对安全性需求的影响。

此外，审查组还期望申请人解释 EECS 如何处理由于发动机机械设计的变化带来的接口需求变更的影响。

如果申请人声明一些发动机控制部件（如传感器、机械液压装置、作动部件等）为简单部件，从而不需要使用研制保证原则，审查组期望申请人遵循 ARP 4754A 5.2.3.3 条和 5.4 条的建议。如果燃油流量控制单元（FMU）使用 Smart card，审查组要求该部分应满足 ARP 4754A 适用的目标。审查组期望申请人证明这些简单部件通过充分的测试与分析的组合的方法得到保证。应特别关注这些简单部件和其他 EECS 设备/部件的接口需求，例如，审查组期望这些接口需求按照其相应的功能研制保证等级（FDAL）对应的严苛程度进行确认和验证。

最后，因为 ARP 4754A "民用飞机和系统的开发指南"包含飞机和系统的研制，申请人可能不会覆盖 ARP 4754A 的所有目标。在问题纪要范围内，局方通常期望申请人表明其研制保证活动将满足 ARP 4754A 附录 A 以下过程的目标：

策划（参照 ARP 4754A 附录 A 表 1.0）；

需求捕获（参照 ARP 4754A 附录 A 表 2.0）；

安全性分析（参照 ARP 4754A 附录 A 表 3.0）＊；

需求确认（参照 ARP 4754A 附录 A 表 4.0）；

实施验证（参照 ARP 4754A 附录 A 表 5.0）；

构型管理（参照 ARP 4754A 附录 A 表 6.0）；

过程保证（参照 ARP 4754A 附录 A 表 7.0）

审定联络（参照 ARP 4754A 附录 A 表 8.0）

注（＊）：和安全性相关的目标可能已包含在 AMC E 50、AMC E 510、AMC 20－1、AMC 20－3A 内；无论哪种情况，申请人都需考虑安全性评估产生的安全性相关需求（如独立性需要、完整性需求等）。

若申请人提出与 ARP 4754A 目标的偏离，应对这些偏离做出合理的解释。

申请人通常将根据 ARP 4754A 表 A-1 1.0 的适用目标、活动以及对输出物的要求，编写控制系统系统级策划文件，如控制系统审定计划（CP）、控制系统系统开发策划（SDP）*、控制系统安全性工作策划（SSPP）、控制系统系统确认策划（SValP）、控制系统系统验证策划（SVerP）、控制系统构型管理策划（SCMP）和控制系统过程保证策划（SPAP）

注*：系统开发策划（SDP）可包含需求管理策划（RMP），或产生一份单独的需求管理策划。

这些策划文件将详细描述控制系统系统级的活动、方法、过程、工具以及对 ARP 4754A 目标的符合性方法和证据。任何与 ARP 4754A 目标的偏离，将在控制系统的系统开发策划（SDP）中描述，并得到局方的批准。

申请人将在系统开发策划过程活动中明确研制保证过程生命周期数据，并且产生 ARP 4754A 中要求的策划文件。若对 ARP 4754A 相应的目标和活动有任何偏离，申请人将在策划文件中提出，并得到局方的批准。

申请人将在后续审定联络过程中和局方沟通申请人表明系统研制过程符合性的方法，以及局方进行系统研制过程符合性审查的介入程度及介入方式。

同时申请人将按照 ARP 4754A 5.3.1.1 条的要求，对由安全性评估产生的安全性相关需求进行标识，并确保其安全性属性自上向下传递直到软硬件需求。详细的捕获由安全性评估产生的安全性相关需求的方法和过程，将在控制系统的系统开发策划（SDP）和系统安全性工作策划（SSPP）中描述。

控制系统将在系统构型管理策划（SCMP）中定义变更影响分析（CIA）过程和检查单。当需求、设计、追溯关系等发生变化时，评估变更可能产生的影响，包括对安全性需求的影响，由于机械设计变化带来的对接口的影响，部件/系统内部影响，部件/系统间的影响，以及变更对发动机/飞机级的叠加效应进行详细的分析。变更影响分析过程将作为进行回归分析（regression analysis）和回归测试（regression test）的基础，被控制系统系统确认策划（SValP）和控制系统系统验证策划（SVerP）引用。

表 2-3 控制系统 ARP 4754A 生命周期数据

ARP4754A 目标	ARP 4754A 目标描述	对应章节	输出物	系统控制类别	控制系统生命周期数据
1.1	定义系统开发和综合过程活动	5.8.1 5.8.4.1	审定计划	1	控制系统审定计划（CP）
		3.1 5.1.5 Appx B	安全性项目计划	2	控制系统安全项目策划（SSPP）
		3.1 5.8.4.3	开发计划	2	控制系统系统开发策划（SDP）
		5.4.2a 5.4.7.1	确认计划	2	控制系统系统确认策划（SValP）

表2-3（续）

ARP4754A 目标	ARP 4754A 目标描述	对应章节	输出物	系统控制类别	控制系统生命周期数据
1.1	定义系统开发和综合过程活动	5.5.3 5.5.5.1	验证计划	2	控制系统系统验证策划（SVerP）
		5.6.2.1	构型管理计划	2	控制系统构型管理策划（SCMP）
		5.7.2	过程保证计划	2	控制系统过程保证策划（SQAP）
1.2	过程之间转换准则和相互关系	3.2	1.1中列出的计划文件	2	1.1中列出的策划文件
2.1	定义发动机级功能、功能需求、功能接口和假设	4.1.4 4.2 5.3	发动机级功能列表 发动机功能需求	1	NA
2.2	发动机功能分配到系统	4.1.5 4.3	系统需求	1	控制系统设计技术要求（CSRD）
2.3	定义系统需求，包括假设和系统接口	5.3	系统需求	1	控制系统设计技术要求（CSRD）
2.4	定义系统衍生需求（包括衍生的安全性相关的需求）及其理由	4.4 5.3.1.4 5.3.2	系统需求	1	控制系统设计技术要求（CSRD）
2.5	定义系统架构	4.1.6 4.4 5.8.4.4	系统设计描述	1	控制系统系统描述文件（SDD）
2.6	系统需求分配到软硬件	4.1.7 4.5 4.6 5.3	软硬件需求	1	EEC，PPU 软硬件需求
2.7	执行相应的软硬件、系统和发动机级的集成	4.6.3 4.6.4	验证结果	2	验证结果
3.1	执行发动机/系统功能危害性分析	5.1.1 5.2.3 5.2.4	发动机 FHA 系统 FHA	1	控制系统功能危险性评估（FHA）报告
3.2	执行初始发动机安全评估	5.1.2 5.2.3 5.2.4	PASA	1	NA

表 2-3（续）

ARP4754A 目标	ARP 4754A 目标描述	对应章节	输出物	系统控制类别	控制系统生命周期数据
3.3	执行初始系统安全性评估	5.1.2 5.1.6 5.2.3 5.2.4	PSSA	1	控制系统初步安全性评估（PSSA）报告
3.4	执行共因分析（CCA）	5.1.4	PRA CMA ZSA	1	控制系统共模分析报告
3.5	执行发动机安全性评估	5.1.3 5.1.6	ASA	1	NA
3.6	执行系统安全性评估	5.1.3 5.1.6	SSA	1	控制系统 SSA 报告
3.7	捕获功能、系统和软硬件中的独立性需求	5.3.2 5.2.3 5.1.2	系统，软硬件需求 PASA PSSA	1	控制系统初步安全性评估（PSSA）报告
4.1	发动机、系统、软硬件需求是正确的和完整的	5.4 5.4.2c 5.4.3 5.4.4	确认结果	2	控制系统需求确认结果
4.2	假设得到解释和确认	5.4.2d	确认结果	2	控制系统需求确认结果
4.3	衍生需求得到解释和确认	5.3.1.4 5.3.2 5.4.2	确认结果	2	控制系统需求确认结果
4.4	需求是可追溯的	5.4.3 5.4.4	确认结果	2	控制系统需求确认结果
4.6	提供确认符合性证据	5.4.2.e 5.4.2.f 5.4.8 5.4.7.4	确认结果（含确认矩阵）	2	控制系统需求确认矩阵
5.1	测试或证明规程是正确的	5.5.4.3	验证规程	1	验证规程
5.2	验证证明了预期的功能，并为证明无影响安全性的非预期功能提供信心	5.5.1 5.5.5.3 5.5.5.2	验证规程	1	验证规程
			验证结果	2	验证结果
5.3	产品实现符合发动机和系统需求	5.5.1 5.5.2	验证规程	1	验证规程
			验证结果	2	验证结果
5.4	安全性需求得到验证	5.5.1 5.5.5.3	验证规程和结果（ASA，SSA）	2	控制系统 SSA 报告

表 2-3（续）

ARP4754A 目标	ARP 4754A 目标描述	对应章节	输出物	系统控制类别	控制系统生命周期数据
5.5	包含验证符合性证据	5.5.6.3	验证矩阵	2	验证矩阵
		5.5.6.4	验证结果	2	验证结果
5.6	评估缺陷，并识别其对安全性的影响	5.5.6.4	验证结果	2	验证结果
			问题报告	2	问题报告
6.1	构型项已被识别	5.6.2.2	构型管理记录	2	构型管理记录
6.2	构型基线及其衍生物已建立	5.6.2.3	构型基线记录	2	构型基线记录
6.3	问题报告、变更控制、变更评审和构型状态纪实已建立	5.6.2.4	问题报告 构型管理记录	2	问题报告 构型管理记录
6.4	归档和恢复已建立	5.6.2.5	构型管理记录	2	构型基线记录
7.1	确保为系统审定活动的各个方面开发了相应的计划，并且这些计划得到维护	5.6.2.2	过程保证证据	2	过程保证证据
7.2	根据这些计划开展开发活动和过程	5.6.2.3	过程保证证据	2	过程保证证据
8.1	提供符合性证据	5.8.3	审定总结	1	控制系统系统实施概要
		5.8.4.2	构型索引	1	控制系统系统构型索引

2.10　CCAR-33.91 发动机系统和部件试验

2.10.1　规章要求

2.10.1.1　规章原文

（1）对不能按照第 33.87 条进行持久试车予以充分验证的系统或部件，申请人必须进行附加的试验，以证明这些系统或部件在所有已声明的环境和工作条件下能可靠地完成预定功能。

（2）必须确定在航空器安装中要求温度控制措施的那些部件的温度限制，以确保其良好的功能、可靠性和耐久性。

（3）每个不增压的液压油油箱在受到最大工作温度和 0.03MPa 的内部压力时，不得出现失效或泄漏，并且每个增压的液压油油箱必须满足第 33.64 条的要求。

（4）对于超声速航空器的发动机型号合格审定，必须确定由于在最高和最低工作温度时可能会发生失效的发动机系统、安全装置及外部部件。并且必须在最高和最低工作温度以及当温度和其他使用条件在最高和最低使用值之间循环时进行试验。

［2016 年 3 月 17 日第 2 次修订］

2.10.1.2　实质性意图

第 33.91 条发动机系统和部件试验条款字面意思要求对不能在第 33.87 条持久试车中充分验证的系统或部件，申请人必须进行附加的试验。但 CCAR-33.91-R2 的验证对象不只局限于第 33.87 条持久试车不能验证的系统和部件，而是对不能在第 33.87 条持久试车以及其他 33 部条款中充分验证的系统和部件及其预期环境。此外，条款字面意思要求的验证方法必须是试验，但第 33.91 条的符合性验证方法不只局限试验，申请人可以根据部件设计特征、材料特性、工艺特性、使用经验、以往鉴定经历、使用经验，通过分析、类比、试验（整机、系统、部件）或者前述的组合表明符合性。

2.10.1.3　中外规章对比说明

针对发动机系统和部件试验的条款，中欧美规章的技术要求基本一致，都要求申请人必须进行附加的验证，以证明在持久试验或者其他 33 部条款中未能充分验证的系统和部件能够在所有已声明的环境和工作条件下能可靠地完成预定功能。其中 FAR 的 33.91 条等效于 CCAR-33.91 条，EASA 的 CS-E 170 发动机系统试验与 CS-E 80 发动机设备试验两者能够覆盖 CCAR-33.91 条的要求。虽然 CS-E 80 针对发动机部件所用的词为设备，但实质意图与 CCAR-33.91 条和 FAR-33.91 条所用的部件一词一致。中欧美现行有效规章差异说明如表 2-4 所示。

表 2-4　中欧美现行有效规章差异说明

序号	CAAC	FAA	EASA
1	33.91（a）	等效于 33.91（a）	CS-E 80（b）、(d)、CS-E 170 可满足 33.91（a）要求
2	33.91（b）	等效于 33.91（b）	CS-E 80（c）可满足 33.91（b）要求
3	33.91（c）	等效于 33.91（c）	CS-E 80（b）可满足 33.91（c）要求
4	33.91（d）	等效于 33.91（d）	无对应要求

2.10.2　条款要求演变

系统和部件验证条款最早出现在 1965 年美国 FAR-33.91 条发动机部件试验条款，其先后历经 3 次变更。33.91 条初始版明确了对不能按照 33.87 条进行持久试车予以充分验证的系统，申请人必须进行附加的试验，以证明这些系统的部件在所有已声明的环境和工作条件下能可靠地完成预定功能。在初版中，33.91 条未考虑液压油箱和超声速飞机发动机部件的验证要求；考虑到滑油箱和液压油箱以及超声速飞机发动机部件环境要求存在缺失的情况，FAA 对 33.91 条进行了修订，增加了液压油箱以及超声速航空器的发动机部件试验。随后由于 33 部中新增了 33.28 条控制系统要求，新的 33.28 条环境要求和原 33.91 条要求部分重叠。为适应新的 33.28 条，尽量减少条款要求之间的重复，同时避免安全性要求的遗漏，将 33.91 条的适用对象从部件拓展为系统和部件。最后，由于欧美规章的统一进程，FAA 在其 33 部规章中新增了

33.64 静承压件要求；为适应该新条款，原 33.91 条中关于增压滑油油箱和增压液压油箱的要求相应调整到 33.64 条中；同时考虑将非增压滑油油箱要求纳入到 33.71 滑油系统中。

2.10.3 产品和技术的变化

CCAR-33 部第 33.91 条系统和部件试验实质性要求是对系统和部件开展环境验证，常见环境验证科目可参考美国航空无线电技术委员会（RTCA）135 分会（SC-135）制定的 RTCA DO160。随着技术的发展，新材料、新工艺、新技术引入到发动机部件研制过程中，新的失效模式和新的运行条件伴随着产品服役数据的积累不断被识别，RTCA DO-160 也伴随着适航要求的深入，在试验科目、试验条件等方面不断更新。其从 1975 年颁布至今已发展出多个有效版本，代表了不同时期航空产品系统和部件产品及其环境验证技术的发展水平。

表 2-5 RTCA DO-160 版本演变

序号	版本	发布日期
1	DO-160G change 1	2014.12
2	DO-160G	2010.12
3	DO-160F	2007.12
4	DO-160E	2004.12
5	DO-160D change 3	2002.12
6	DO-160D change 2	2001.07
7	DO-160D change 1	2000.12
8	DO-160D	1997.07
9	160C	1989.12
10	160B	1984.07
11	160A	1980.01

新版本 DO-160 对具体试验的试验程序、试验要求较老版本严苛，因此对于新研项目推荐采用 RTCA/DO-160G 版本。但考虑到，许多拟取证发动机的系统和部件已在先期取证发动机中应用，并基于老版本 DO-160 开展过相关环境验证，这类系统或部件在拟取证发动机上安装时，应从如下几方面考虑环境验证项的符合性：RTCA/DO-160 中的科目并不适用于所有部件，应结合部件的设计特征、安装位置等，合理分析试验的适用性和试验要求；原则上可依据 RTCA/DO-160 的任何版本开展环境试验（工作冲击和坠撞安全除外），但更推荐采用 RTCA/DO-160G 版本，因为其相对于其他版本，试验过程的描述更加清晰和完整；采用 DO160 较早版本完成环境鉴定的部件，可通过对比先期取证发动机部件和拟取证发动机部件的设计相似性、环境相似性，表明符合性；采用 TSO 件时，如果这些 TSO 件通过 DO-160 较早版本完成了环境验证，需针对 TSO 件的环境鉴定要求与预期安装环境进行比对，明确是否能够满足预期安装要求；当设备安装需要满足 23.1308、25.1317、27.1317 或 29.1317 条中的 HIRF 要求时，

对于 B 级和 C 级系统的要求，可采用 RTCA/DO-160F、RTCA/DO-160G、RTCA/DO-160E 任何版本；对于 A 级系统需要根据实际需求开展试验，具体符合性方法可参阅 AC 20-158 的最新修订版；当电气/电子设备安装需要满足雷电要求时，应使用 RTCA/DO-160D 或更高版本，具体符合性方法可参阅 AC 20-136 最新修订版；RTCA/DO-160F 的第 26 节防火和易燃性试验不足以满足 25 部适航要求和 33 部适航要求，RTCA/DO-160G 的第 26 节防火和易燃性可满足 25 部适航要求，但不足以满足 33 部适航要求。关于 33 部的防火耐火适航要求，参见 CCAR-33.17 条。

不同 160 版本之间的变化也表征了部件试验验证要求的变化。目前，发动机部件常采用的 DO160 版本包括 F 版和 G 版，由 RTCA SC135 委员分别于 2007 年 12 月 6 日和 2010 年 12 月 8 日发布。

相对于 E 版本，F 版主要变化包括：

（1）在第 2 章节中增加了 2.9 节，用于明确测试结果的适用性，明确了采用 DO160 中试验程序获取到的试验结果仅对合格鉴定试验期间的试验配置（试验安装，外部配置和内部配置）有效。相对于这一配置的任何变更，无论是外部还是内部的（例如，PCB 的布局、单元件内部部件变更、安装布线等）必须进行评估，以确保试验结果仍然适用。如果评估表明试验结果不适用于新的，则需要在新的试验配置上重新进行试验。在第 3 章试验条件中，增加了敏感性测试中受试设备配置的要求，具体包括在电气和电子设备进行任何环境试验（如敏感性试验）期间，受试设备应按在外场正常工作期间可能会遇到的最敏感功能模式进行配置。

（2）在第 4 章温度—高度章节中，澄清了 4.5.3 节地面存储高温试验和短时工作高温试验中在达到短时工作低温和高温时的沉浸时间；4.5.5 节，描述了飞行中冷却损失试验中的冷却源和电源。为保证某类设备正常工作，需为其配备正常工作的冷却源，并在高温工作试验期间考核设备在冷却源丧失后的工作能力，该类冷却源通常由外部提供或供电。在第 5 章温度变化章节，5.3.1h、5.3.2h 和 5.3.3i 节将性能时间要求更改为第二个或最后一个周期。在第 6 章湿热中，在 6.3.1、6.3.2 和 6.3.3 节中，步骤 2 中将试验温度从 30℃改为 38℃，以便和相关图中的数字一致。在第 7 章工作冲击和坠撞安全章节，对类别 E 的定义进行了修订，澄清了类别 E 并不强制设备为运行状态；修订了 7.3.3 节和图 7-3 中的文本描述和离心机定义，以反映加速度载荷的正确设置方向。在第 8 章振动章节，将试验的性能测试时间从 30min 减少到至少 10min；明确了鲁棒测试中设备运行状态的要求，只需设备在鲁棒性测试期间处于工作状态，允许设备在正弦扫描期间处于非工作状态，除非相关设备规范另有规定。在第 9 章防爆章节，修订了环境定义和分类，图 9-4 删除了 100/130 辛烷值燃料的提法。在第 10 章防水章节，将防滴水试验中分配器滴水量由 280l/（m² · h）修订为大于 140l/（m² · h）。在第 12 章沙尘①章节，对类别定义进行了修订；对沙浓度提出了要求；在 12.3.2 节调整了尺寸分布和占比。在第 13 章流体敏感性章节，对硫酸镁进行调整，使其与其他成分对应。在第 14 章盐雾章节，将盐"喷"修订为盐雾，更准确反映试验的本质。

---

① 根据《现代汉语（规范）词典》确定"沙尘"（自然形成）为规范词。

（3）在第 15 章磁场效应章节，增加了一个 Y 类别；在 15.1 节"测试的目的"中增加了对每个设备类别的描述，并给出了如何依据测试结果来确定受试设备安装到指南针或指南针传感器的距离；允许用未补偿的指南针或等效的磁传感器进行测量。在第 16 章电源输入章节，明确交流和直流供电设备都需要更多的电源输入测试；将 A（WF）交流电源母线产生的 270V 直流母线作为 D 类；定义了交流系统 AM 和 FM 调制的离散阶跃试验方法；增加了交流母线上的 AM 电压调制；为直流设备增加了双中断测试方法；在单和双电源中断后，明确不允许手动复位；删除 28V 之间的短直流电压浪涌；增加了对于使用三相交流电的受试设备的相位损失测试；在"航空器电力系统的负载设备影响"部分增加更多的测试；要求了所有试验参数的特定容差。在第 17 章电压尖峰章节，17.4 节修改了测试程序，以澄清在规定的时间内应用正瞬变和负瞬变，澄清了存在多个电源引脚时的测试条件。在第 19 章感应信号敏感度章节，澄清了试验频率计算公式。在第 20 章射频敏感度（传导和辐射），减少了测试类别，消除了 R 类的"替代"，补充了在混响室方法中暴露受试设备的所有孔和开口的要求。增加了额外驻留频率的要求。在第 21 章射频能量发射章节，射频率范围从 150kHz～30MHz 扩大到 150kHz～152MHz，辐射试验频率范围缩小到 100MHz～6GHz；增加了混响室辐射排放测量的新程序，澄清了暴露受试设备的所有孔和开口的要求；增加了一个新的 P 类限制类别，该类别指位于靠近高频甚高频（VHF），或全球定位系统（GPS）的无线电接收机天线的区域，或飞机结构几乎不能提供屏蔽的设备和互联电缆。在第 22 章雷电感应瞬态敏感度章节，给出了电缆线束测试的波形集、可接受测试极限波形、不可接受的测试极限波形，这些波形可确保用户成功地完成测试，不需要关注被测试电缆的配置。

相对于 F 版本，G 版主要变化包括：

（1）在第 2 章中，澄清了按照该标准的较严重类别设备进行试验验证时，能够满足对较轻类别的使用。明确每一项环境条件，设备供应商应从具体章节规定的类别中选择最能够代表设备使用寿命期间预期将经常遇到的最严酷环境。环境合格鉴定表中所列的每种类别，可用于推断当设备暴露于被评估为不是足够严酷的类别中设备也将能执行其预定的功能。针对第 3 章，删除了参考 21.5 节的内容。在所有环境测试中（包括敏感性测试），增加了设备应运行在最敏感模式下的需求；并澄清了试验过程中可使用特殊用途软件以保证设备置于其最敏感模式。明确在电气和电子设备进行任何环境试验（如敏感性试验）期间，受试设备（EUT）应按在外场正常工作期间可能会遇到的最敏感功能模式进行配置。当设备嵌入了基本和/或应用软件时，必须对软件的功能运行（或激励）进行测试，以便显示出设备对测试环境的最大敏感度。对功能配置的描述和理由，包括软件，应在试验报告中提及或报告。除非在相应的最低性能标准中另有规定。如果硬件和界面非常复杂，并且在已确认的要求基础上能很好地覆盖试验范围并且配置可控，特定目的的硬件/软件试验是可接受的。若使用，特定目的的硬件/软件试验将能完整地验证硬件功能。

（2）在第 4 章温度-高度章节中，澄清第 4.5.1 节的注释 2，明确如果短时工作低温和工作低温相同，则不需要进行短时低温工作试验。即使短时工作低温与工作低温相同，地面低温耐受试验也不可以取消。在不通电情况下经受 4.5.1 节规定的低温浸泡后，低温工作时应通电；澄清 4.5.3 段的注释 2，明确如果短时工作高温温度和高温工作温度相同，则不需要进行短时高温工作试验。即使短时工作高温与高温工作温度相同，地面高温耐受试验也不可以取消。在不通电情况下经受 4.5.3 节规定的高温浸泡后，高温工作时应通电。在第 5 章温度变化章节，5.1 节增加说明，澄清测试意图和湿度控制；5.3.1 节 a 和 d 增加了对操作低温和操作高温温度变化程序的澄清。在第 6 章中，更正术语 6.3 节，删除氢氧化字。在第 7 章工作冲击和坠撞安全章节，明确除非在受试细则中另作说明，设备应处于工作状态，并且其温度达到稳定后，对试件每个方向进行 3 次冲击，冲击波形采用后峰锯齿波，冲击加速度峰值为 $6g$。在第 9 防爆章节，对环境描述进行改进，并将类别描述细节移到用户指南中；用于确定环境爆炸性的传感器由火花塞或电热塞改为压力传感器或热电偶。对于 A 类试验的壳内爆炸提出要求，如果试验壳体较小（不超过试验箱体积的 1/50），并且当混合物循环进入到壳内时，壳体内引燃的反应是爆炸性的，而不是使爆炸混合物连续地燃烧，那么，在不向箱内充入新的爆炸混合物的情况下，可以使壳体内产生多于 1 次的爆炸，但不超过 5 次。在第 10 章防水章节，对于注释进行修订，具体描述为满足 140l/（$m^2 \cdot h$）或更高的水量。从水滴分配器中滴出的水量校准前及校准后应被控制并且应注意水滴分配器中水位。在第 12 章沙尘章节，修改沙的组成和颗粒大小，以满足 MIL STD 810G 要求。在第 13 章流体敏感性章节，澄清了试验失败的准则。

（3）在第 15 章磁场效应章节中，对图 15-1 试验测试配置进行修改，以便确定当罗盘指针偏移 1°时罗盘与被测设备间的距离，从而确定设备等级。在第 16 章电源输入章节，新增了 270V 直流电源系统测试项目。在 DO-160G 中，对多种电源供电的设备测试、交流供电设备的短时中断、三相交流供电设备的每相浪涌试验、涉及短时中断试验的表 16-1～表 16-3，测试信号源电压误差进行修改。在第 17 章电压尖峰中，规定了试验中信号源至少产生 50 个正尖峰和 50 个负尖峰。在第 18 章 电源线音频传导敏感度章节中，将注释和备注移到用户手册；删除了测试信号输出功率为 100W 的极限值，用峰值为 36A 的电流极限；修改了测试布置图，以便能在合适的位置进行"可选的 AC 电流监测"；删除了耦合变压器输出阻抗为 0.6Ω 的要求。在第 19 章感应信号敏感度章节，澄清该测试不适用于电源输入电缆或电线；增加"设备的电场感应"测试，对于所有设备施加单次有效值为 170V 的 400Hz 电压，并增加相应的试验配置图；增加开关瞬态感应测试图，测试时尖峰信号幅度可以变化，并且可以小于 600Vpp。在第 20 章射频敏感度（传导和辐射）章节，新增了用户手册；要求受试设备的每个面均应受到相同的辐射，对于无法进行的面应在测试报告中注明；澄清了测试天线与受试设备的距离要与校准时一致。在第 21 章射频能量发射章节，增加了用户手册；为保护 VHF 和 GPS 接收机新增了 Q 类极限，但对 P 类中的传导发射"HF notch"不适用；改变测试带宽从 100kHz～1MHz；取消测试频率大于 960MHz 的 10kHz 带宽选项，用高增益预放代替。在第 22 章雷电感应瞬态敏感度章节，增加了用户手册，将注释和备注移到用户手册；删除利用针脚注入测试波形来确定源阻抗的"电阻法"测试；增加电缆束测试波形 6，仅适用于多脉冲群测试；修改针脚注入校准和测试配置图。在第 25 章静电放电章节，对测试点进行澄清，特别指出，连接器的针脚不进行该项测试。针对第 26 章防火、易燃性章节，修订了防火类别 A 和 B 的描述，测试方法保持不变；删除 C 类的易燃性的内容部分，并替换为局方可接受的方法，增加了可免于测试的设备配置；增加了"小零件豁免"的定义；添加了针对所有三个类别的用户指南。

2.10.4 符合性思路

发动机系统和部件试验主要是指系统和部件的环境试验，符合性工作包括：系统和部件试验验证策划；系统和部件试验验证实施；系统和部件环境限制综述。

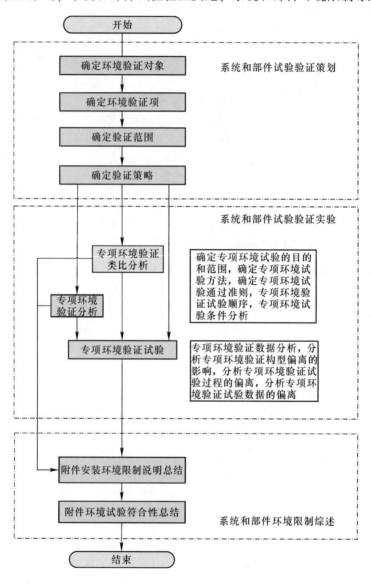

图 2-10 发动机系统和部件试验符合性思路

2.10.4.1 环境验证策划

发动机系统和部件试验策划的主要工作包括确定系统和部件试验验证对象；明确系统和部件环境验证项适用性和验证范围；开展符合性方法策划，以明确需在第 33.91 条下开展验证的系统和部件及其环境范围；对于需在第 33.91 条下验证的项目，开展具体符合性验证方法的策划，最终形成符合性验证矩阵说明报告作为符合性证据。

（1）确定验证对象

发动机系统和部件试验符合性的首要工作是确定环境试验验证对象，确保验证对象正确完整无遗漏。通常系统指一些内部相互连接的部件组成的用于完成特定功能的集合，如控制系统、润滑系统、液压系统、引气系统等；特定发动机系统中具有独立功能，能够独立安装拆卸，独立构型管理和整体维护的任一属于发动机型号取证构型的部件，通常也称为设备或附件，如燃油泵、滑油泵、液压泵、热交换器、燃油切断阀、电子控制单元、点火器、交流发电机、传感器等。这些部件通常安装在发动机外部机匣上，有些可能安装在发动机内部，如温度、压力、转速和扭矩传感器。除此之外的其他件定义为零件，应在系统或者整机级验证。

（2）确定环境验证项

系统和部件试验需要考核的环境验证项包括高温耐久性、低温耐久性、室温耐久性、温度/高度、温度变化、振动、工作冲击、坠撞安全、恒加速、耐压、过压、压力循环、燃油系统结冰、进气结冰、燃油污染、滑油污染、空气污染、沙尘、盐雾、霉菌、防爆、湿热、防水、流体敏感性、防火/耐火、包容性、电子控制单元过热、电源输入、电源输入–电压尖峰、电源输入–音频传导敏感性、静电放电、EMI/HIRF、闪电间接效应等。

上述环境验证项并不适用于所有系统和部件，在确定环境验证项的适用性时，应考虑系统和部件功能、性能、设计特征、材料特性、制造工艺、安装位置、运行条件、失效模式。

表 2-6 环境验证项及其适用对象

序号	环境项	适用对象
1	高温耐久性	适用于所有部件
2	低温耐久性	适用于所有部件
3	室温耐久性	适用于除电子部件以外的其他所有部件
4	温度/高度	适用性取决于设计特征
5	温度变化	适用于电子电气部件
6	振动	适用于所有部件
7	工作冲击	适用于所有部件
8	坠撞安全	适用于所有部件
9	恒加速	适用于所有部件
10	耐压	适用于存留或输送燃油、滑油、高压气体的部件

表 2-6（续）

序号	环境项	适用对象
11	过压	适用于存留或输送燃油、滑油、高压气体的部件
12	压力循环	适用于存留或输送燃油、滑油、高压气体的部件
13	燃油系统结冰	适用于接触燃油的部件
14	进气结冰	适用于发动机流道中暴露在结冰条件下的部件
15	结冰	适用于暴露在大气或者处于发动机流道中的部件
16	燃油污染	适用于接触燃油的部件
17	滑油污染	适用于接触滑油的部件
18	空气污染	适用于暴露于污染引气流路中的发动机部件
19	沙尘	适用于未密封的部件
20	盐雾	适用于所有部件
21	霉菌	适用于所有部件
22	防爆	仅适用于电气部件或电气子部件
23	湿热	适用于所有部件
24	防水	适用于未密封的部件
25	流体敏感性	适用于所有部件
26	防火/耐火	适用于存留或输送可燃液体的发动机部件，或者位于指定火区内的发动机控制系统部件
27	电子控制单元过热	适用于执行发动机控制/限制功能的电子控制单元
28	包容性	适用于包含高速旋转件的部件
29	电源输入	适用于与飞机电气电源连接的电气部件
30	电源输入-电压尖峰	适用于与飞机电气电源连接的电气部件
31	电源输入-音频传导敏感性	适用于与飞机电气电源连接的电气部件
32	静电放电	适用于电子电气部件
33	EMI/HIRF	适用于电子电气部件
34	雷电间接效应	适用于电子电气部件

（3）确定验证范围

发动机系统和部件试验验证的环境是系统和部件安装环境和运行状态。该安装环境和运行状态应结合安装对象、发动机本体来分析。

（a）针对安装对象，应充分考虑来自飞机的环境输入，包括由飞机提供的冷却能力、振动特性、燃油污染水平、燃油结冰条件、雷电间接效应等。

（b）针对发动机本体，应考虑系统和部件的设计特征、材料特性、制造工艺、安装位置及其环境，及其在所有发动机工况下可能遭受的运行条件，包括正常工况和异常工况，应结合安全性分析确定部件的失效模式 DAL 等级（如适用），确定部件的环境验证范围。

（4）确定验证策略

确定验证策略包括明确拟在第33.91条下验证的系统和部件及其环境验证项，并确定环境验证项的符合性验证方法。

（a）第33.91条发动机系统和部件试验是否需要开展取决于33部规章中其他条款能否充分验证系统和部件及其预期环境。与第33.91条环境试验密切相关的33部规章其他验证条款包括第33.17条防火、第33.28条发动机控制系统、第33.63条振动、第33.64条发动机静承压件、第33.67条燃油系统、第33.68条进气系统结冰、第33.71条滑油系统、第33.87条持久试验等。当申请人能够证明33部规章中其他条款可以充分验证系统和部件及其预期环境，则无须在第33.91条中开展任何额外的验证。

（b）明确拟在33.91条中验证的系统和部件及其环境验证项后，应给出具体的符合性验证方法以及合理性说明。符合性验证方法可以是试验、分析、类比，或者试验结合分析的方法。其中分析是指通过分析系统和部件的设计特征、使用材料、制造工艺、安装位置、运行状态、失效模式、失效影响等，表明系统和部件能够在其声明的安装环境和运行状态中实现预期功能的符合性验证方法；类比是指通过与先期取证的发动机系统和部件的设计特征、使用材料、制造工艺、安装位置、运行状态、失效模式、失效影响等的类比分析，表明系统和部件能够在其声明的安装环境和运行状态中实现预期功能的符合性验证方法。试验是指通过构建试验设施，分析试验条件，制定试验程序，确定试验判据，编制试验大纲，开展试验验证，收集分析试验数据、分析试验偏离的方法，表明系统和部件能够在其声明的安装环境和运行状态中实现预期功能的符合性验证方法。

2.10.4.2　环境验证实施

申请人应根据环境验证策划阶段确定的符合性验证方法，对每一个系统和部件的环境验证项开展符合性验证。符合性要点与环境验证项、符合性验证方法、系统与部件的具体设计特征有关。与环境验证项和符合性验证方法相关的符合性要点具有通用性，适用于所有系统和部件；与系统与部件的具体设计特征有关的符合性要点具有专用性，由于不同的项目、系统、部件的具体设计特征不尽相同，如果某些系统和部件具有特殊的设计特征和工作原理，在具体项目实施过程中应对其形成专用符合性要点。

针对环境验证项的通用性符合性要点可参见2.10.6节，本节重点给出与符合性验证方法相关的通用性符合性要点，具体如下。

（1）采用试验的方法表明符合性

对于符合性验证方法为试验类的环境验证项，符合性活动包括开展试验大纲评审、制造符合性检查、试验目击和试验报告的评审。其中试验大纲应至少包括适用法规、试验目的和试验范围、试验方法、系统或部件名称和操作说明、零件或序列号或零件草图、安装图或草图、试验条件、试验设备要求、试验步骤、数据记录方法、试验通过准则。试验报告应至少包括数据采集和分析方法合理性分析、试验数据分析、试验构型偏离的影响分析（如适用）、试验过程的偏离的影响分析（如适用）、试验数据的偏离的影响分析（如适用）、验证结论判定。

通过试验的方法表明系统和部件试验的符合性时，需考虑如下几个方面：

（a）试验条件：试验验证的运行和环境参数需覆盖系统和部件所遭遇到的极限值；对于需要在系统和部件工作状态下验证的环境，需要识别其最严格的工况。

（b）试验方法：试验所采用的试验程序应能充分验证系统和部件的环境。在采用行业或者工业标准推荐的试验程序时，需开展合理性说明。说明应包括标准的试验程序、试验条件、试验判据等。试验件的安装连接、方向、原理应能反映部件真实安装方式，特别是振动等级和特性。

（c）试验设备：应通过铭牌、型号、序列号、软件版本、校准有效期对试验设备进行标识，且必须在校准范围内使用试验设备；如适用，所有校准应可追溯至公认的标准；试验可在台架或试验台中进行，也可以在发动机整机上进行试验，但需保证整机试验能够覆盖部件试验的严苛程度。试验数据采集和记录方法应确保试验数据的正确性和精度。

（d）试验顺序：如采用独立试验件进行不同环境试验时，可按任何顺序开展部件试验；若采用单个试验件进行多项试验时，应考虑施加的环境能最大限度的呈现叠加效应，要求盐雾试验不能在霉菌试验之前进行；沙尘试验不能在霉菌、盐雾或湿热试验前进行；温度类试验不应在振动和冲击等力学试验之前进行；防爆试验不能在任何其他试验之前进行；防火/耐火试验不能在任何其他试验之前进行。

（e）试验组合：如果要求对验证时间进行累积，可将多个不同环境验证项的试验程序进行组合，但需确保组合后的试验程序能够充分验证每个独立试验的最严苛试验条件。

（f）试验通过准则：对于大多数系统和部件，试验通过的准则至少包含试验过程中没有发生任何可能影响发动机安全性或可操作性的重大功能和性能变化；试验后能够达到生产验收试验的要求，试验后的分解检查（如果有要求），没有发现可能损害系统和部件安全运行能力的潜在故障或损坏。

（g）试验结果分析：试验后应开展试验数据分析，特别是试验数据、试验构型、试验过程偏离对试验结果的影响分析，并给出验证结论。

（2）采用分析的方法表明符合性

通过分析的方法表明符合性时，符合性活动包括系统或部件的环境验证项分析报告评审。符合性要点需要考虑如下几个方面：

（a）分析系统和部件的设计特征、材料特性、制造工艺，如几何结构、应力水平、极限应力位置、运行状态、功能、工作原理等。

（b）分析系统和部件的安装环境和运行状态，包括失效模式、失效影响。

（c）说明系统和部件如何在其声明的安装环境和运行状态下实现预期工作。

（3）采用类比的方法表明符合性

通过类比的方法表明符合性时，符合性活动包括系统或部件的环境验证项类比分析报告评审。符合性要点需要考虑如下几个方面：

（a）拟取证发动机的系统和部件设计特征必须在先期取证发动机的系统和部件设计特征考虑范围内，包括几何结构、应力水平、极限应力位置、运行特性、功能、失效模式、失效影响等。

（b）拟取证发动机的系统和部件的安装环境、运行状态必须在先期取证发动机的系统和部件环境验证范围内，包括失效模式、失效影响。

（c）先期取证发动机的系统和部件的符合性数据足以证明符合性，不需要新的数据来表明符合性。

（d）先期取证发动机的系统和部件符合性必须是通过试验表明的，不能是通过基于对类似发动机型号中的使用经验、设计实践、分析、类比表明的。

（e）产生先期取证发动机的系统和部件的符合性数据的试验程序必须是依据工业标准或者行业标准，以保证试验数据的置信度。

2.10.4.3　环境限制综述

申请人应在发动机安装使用手册中声明经验证的系统和部件安装环境限制，包括温度、振动、燃油污染、燃油结冰，以及其他需要飞机方关注的安装环境限制及其参考的验证标准。

（1）针对温度限制，需给出部件可接受的温度限制，包括地面存储最低温度、地面存储最高温度、短时最低工作温度、短时最高工作温度、最低工作温度、最高工作温度及其测量位置，具体测量位置可以是周围环境温度、部件表面温度、安装座表面温度中的任何一个；如果部件在极限温度下具有使用时间限制，应说明限制时间。

（2）针对振动限制，需给出部件可接受的振动水平及其参考的验证标准。

（3）针对燃油污染物限制，应给出系统或部件可接受的最大固态污染物浓度，平均固态污染物浓度，固态污染物的成分、大小和质量以及参考的验证标准（如适用）；应给出系统或部件可接受的最大水污染浓度。

（4）针对燃油结冰限制，应给出系统或部件可接受的最大冰水混合质量、最大冰浓度，以及瞬态结冰条件下的最低燃油进口温度。

2.10.5　问题纪要

中欧规章针对发动机系统和部件试验的符合性方法略有差异。第 33.91 条要求对内部有活动零件的部件开展恒加速试验，验证部件暴露在飞机运行中预期的加速力下时能够正常工作，并且识别由加速力导致的任何损伤。恒加速试验验证应包含部件损伤评估和性能评估两个方面，其中部件损伤评估要求部件在暴露于恒加速载荷下不会出现损伤，可以在非工作状态下验证，通常通过试验后的分解检查表明部件在要求的恒加速载荷下不会出现损伤；性能评估要求部件暴露在恒加速力下的功能验证，但考虑到承载和运输流体的部件，在试验过程中流体供应存在困难，因此通常带流体的部件通过分析的方法满足性能评估。EASA CS-E 80 符合性方法无该要求。

2.10.6　符合性技术要求

民用航空发动机系统复杂，各个系统涉及大量部件，如电子控制器、转速传感器、燃油计量装置等，涵盖电子电气、结构强度、防火防冰、流体污染等专业。由于发动机系统和部件的功能多样，结构复杂，设计特征、材料工艺、安装使用环境又各不相同，导致系统和部件的预期使用环境复杂多样。适航条款中，发动机系统和部件环境试验主要是针对系统和部件的安装和运行环境开展验证，包括高温耐久性、低温耐久性、室温耐久性、温度/高度、温度变化、振动、工作冲击、坠撞安全、恒加速、耐压、过压、压力循环、燃油系统结冰、进气结冰、燃油污染、滑油污染、空气污染、沙尘、盐雾、霉菌、防爆、湿热、防水、流体敏感性、防火/耐火、包容性、电子控制单元过热、电源输入、电源输入-电压尖峰、电源输入-音频传导敏感性、静电放电、EMI/HIRF、闪电间接效应等。

2.10.6.1　高温耐久性

高温耐久性环境验证的目的是确定部件在高温环境下的适应能力，验证当部件持续处于最高温度环境下工作时，能够实现预期功能，性能未恶化，并识别部件在高温环境下允许的持续工作时间和任何因暴露在最高温度环境下可能导致的部件功能异常和失效的损伤，以确保部件具有良好的耐久性。

高温持久性环境验证项适用于所有发动机部件。当部件持续处于高温环境中，部件所用材料的物理性能或尺寸会出现改变，导致部件性能短时或永久性的降低。

如通过试验表明高温耐久环境验证项的符合性，通过准则包括：试验期间，部件应在试验条件规定的限制内工作；试验后，部件中可能受高温影响的零件应通过产品验收试验的验收；试验后分解检查，确认没有可能导致部件失效的损伤。

如通过试验表明高温持久环境验证项的符合性，符合性要点包括试验条件的合理性、试验件的工作状态、试验程序的合理性。同时还应考虑如下因素：

（1）如果部件在工作状态及非工作状态的温度限制不同或在最高温度有时间限制，则在试验循环中可参考 DO-160 第4章的试验程序进行高温验证。

（2）试验中应对所有输入变量进行循环。

（3）试验循环应能模拟部件在典型发动机任务循环中执行的功能，或至少应能模拟典型发动机任务循环中最严苛的运行状态。

（4）如果部件执行了 33 部规章中要求的功能（如发动机超转保护、限制保护），在部件高温持久环境验证中，应每 10 个循环至少验证一次上述功能。

（5）对于存留或输送流体的部件，应对最高环境温度和最高内部流体温度进行评估。通常，最高环境温度和最高内部流体温度不会发生在同种工作条件下，因此需分析并定义试验中最严苛的工作条件。可以通过对部件单独经受最高环境温度和单独经受最高内部流体温度的方式进行试验。在单独试验中考核最高温度时，可将流体温度设置为更能代表典型试验条件的温度。

（6）对于润滑系统部件，应考虑使用对诸如垫圈和 O 形圈等非金属零件有着最严重影响的滑油。

（7）验证持续时间应至少 100h。

2.10.6.2　低温耐久性

低温耐久环境验证的目的是确定部件在低温环境下的适应能力，验证当部件持续处于最低温度环境下工作时，能够实现预期功能，性能未恶化，并识别部件在低温环境下允许的持续工作时间和任何因暴露在最低温度环境下可能导致的部件功能异常和失效的损伤，以确保部件具有良好的耐久性。

低温耐久环境验证项适用于所有发动机部件。当部件持续处于低温环境中，部件所用材料的物理性能或尺寸会出现改变，导致部件性能短时或永久性的降低。

如通过试验表明低温耐久环境验证项的符合性，通过准则包括：试验期间，部件应在试验条件规定的限制内工作；试验后，部件中可能受低温影响的零件应通过产品验收试验的验收；试验后分解检查，确认没有可能导致部件失效的损伤。

如通过试验表明低温持久环境验证项的符合性，符合性要点包括试验条件的合理性、试验件的工作状态、试验程序的合理性。同时还应考虑如下因素：

（1）如果部件在工作状态及非工作状态的温度限制不同或在最低温环境有时间限制，则在试验循环中可参考 DO-160 第 4 章的试验程序。

（2）试验中应对所有输入变量进行循环。

（3）试验循环应能模拟部件在典型发动机任务循环中执行的功能，或至少应能模拟典型发动机任务循环中最严苛的运行状态。

（4）如果部件执行了 33 部规章中要求的功能（如发动机超转保护、限制保护），在部件低温持久环境验证中，应每 10 个循环至少验证一次上述功能。

（5）对于存留或输送最低环境温度和最低内部流体温度不会发生在同种工作条件下，因此需分析并定义试验中最严苛的工作条件。可以通过对部件单独经受最低环境温度和单独经受最低内部流体温度的方式进行试验。在单独试验中考核最低温度时，可将流体温度设置为更能代表典型试验条件的温度。

（6）对于润滑系统部件，应使用黏度最大的滑油以达到最不利的流量条件。

（7）低温试验应在高温试验之后进行，以更好地验证在低温条件下的密封设计。

（8）验证持续时间应至少 20h 或者至少 20 个循环。

（9）对于存留或输送流体的部件（如燃油泵）其中至少在 10 个循环模拟 10 次冷起动，每个起动后按试验循环持续工作 2h。每个起动前，须将部件冷浸直至内部流体温度稳定在最低值（不加压）。

（10）对于存留或输送流体的部件（如燃油泵），在 2h 的工作循环中内部流体温度会逐渐上升，低温耐久试验需模拟该现象，对温度上升范围通常也会设定限制。如达到设定温度时仍未完成 2h 的循环，需停止试验冷浸到内部流体稳定于最低值后重新起动。

2.10.6.3　室温持久性

室温持久环境验证的目的是识别部件在室温下由于超时限运行所导致的可能引起部件失效的损伤，以确保部件具有良好的耐久性。

室温持久环境验证项适用于除电子部件以外的其他所有发动机部件，特别是内部有活动零件的部件，如内部含有弹簧、阀门等。

如通过试验表明室温耐久环境验证项的符合性，通过准则包括：试验期间，部件应在试验条件规定的限制内工作；试验后，部件应通过产品验收试验的验收；试验后分解检查，确认没有可能导致部件失效的损伤。

如通过试验表明室温持久环境验证项的符合性，符合性要点包括试验条件的合理性，试验件的工作状态，试验程序的合理性。同时还应考虑如下因素：

（1）试验中应对所有输入变量进行循环。

（2）试验循环应能模拟部件在典型发动机任务循环中执行的功能，或至少应能模拟典型发动机任务循环中最严苛的功能。

（3）如果部件执行了 33 部规章中要求的功能（如发动机超转保护、限制保护），在部件室温持久环境验证中，应每 10 个循环至少验证一次上述功能。

（4）验证持续时间应至少 300h。该时间可通过单独室温试验累计，也可通过采用同一试验件进行不同的环境验证项试验累计。

2.10.6.4　温度/高度

温度/高度环境验证的目的是验证部件在发动机飞行包线内按照设计的要求运行。

温度/高度环境验证项需要考虑温度验证（含空中冷却能力丧失）、高度验证两种情况。其中温度验证适用于所有部件，且对于安装在飞机发动机动力舱内且设有专用空气冷却系统的设备，需在高温工作环境中考虑空中冷却能力丧失的情况；高度部分适用于所有电气部件，包含电气相关子部件的部件，力学性能在变化压力下有显著变化的非电气部件。

如通过试验表明温度/高度环境验证项的符合性，通过准则包括：

（1）试验期间部件在地面耐受高低温（存储）和短时工作高低温环境中能够正常运行，或者试验期间部件处于非工作状态且试验后可能受地面耐受高低温（存储）和短时工作高低温环境影响的零件通过产品验收试验的验收；试验后分解检查，确认没有可能会导致部件失效的损伤。

（2）试验期间，部件暴露在低温工作环境和高温工作环境下时能够正常运行；试验后，可能受低温工作和高温工作影响的零件应通过产品验收试验的验收；试验后分解检查，确认没有可能会导致部件失效的损伤。

（3）试验期间，验证部件在发动机飞行包线内，暴露在由高度变化引起的大气压力范围时能够正常运行；试验后，可能受高度影响的零件应通过产品验收试验的验收；试验后分解检查，确认没有可能会导致部件失效的损伤。

如通过试验表明温度/高度环境验证项的符合性，符合性要点包括试验条件的合理性，试验件的工作状态，试验程序的合理性。同时还应考虑如下因素：

（1）申请人可参考 DO-160 的第 4 章的试验程序进行温度/高度环境的验证。

（2）对于电气/电子部件的试验，应该考虑其电源和电能变化的影响。要求在冷起动状态下运行的部件应在低输入电压下进行试验，地面耐受高低温（存储）环境、短时工作高低温环境、高温工作环境试验应在最大电能消耗运行模式下进行。

（3）对于安装在飞机发动机动力舱内且设有专用空气冷却系统的部件，需在高温工作环境中验证空中冷却能力丧失后部件能够在一定时间范围能正常工作，并识别可能的时间限制。

2.10.6.5　温度变化

温度变化环境验证的目的是验证电子/电气部件暴露在与声明的温度环境一致的热循环和温度变化中时能够持续运行并且无失效或损害。

温度变化环境验证项适用于电子/电气部件，主要影响电子电气部件中的元器件的性能和寿命，例如，电容、半导体元器件等。

如通过试验表明温度变化环境验证项的符合性，通过准则包括：试验期间，部件应在试验条件规定的限制内工作；试验后，可能受温度变化影响的零件应通过产品验收试验的验收；试验后分解检查，确认没有可能导致部件失效的损伤。

如通过试验表明温度变化环境验证项的符合性，符合性要点包括试验条件的合理性、试验件的工作状态、试验程序的合理性。同时还应考虑如下因素：

（1）申请人可参考 DO-160 的第 5 章的试验程序进行温度变化环境的验证。

（2）当结合温度/高度试验（组合试验）验证温度变化时，验证持续时间应至少进行 10 个循环，该要求同 AC 33.28-3 相同，以满足高温耐久性、低温耐久性的验证要求。在第一个循环内完成"地面耐受低温和短时工作低温验证"和"地面耐受高温和短时工作高温验证"，之后的循环不需重复。

（3）当结合温度/高度试验（组合试验）验证温度变化时，对于电气/电子部件的试验，应该考虑其电源和电能变化的影响。要求在冷起动状态下运行的部件应在低输入电压下进行试验，应在最大电能消耗运行模式下进行。

2.10.6.6　振动

振动环境验证的目的是验证部件暴露在振动环境下能实现预期功能，不会出现结构高周疲劳失效。

振动环境验证项适用于所有发动机部件。

如通过试验表明振动环境验证项的符合性，通过准则包括：试验期间，部件应在试验条件规定的限制内工作；试验后，部件中可能受振动影响的零件应通过产品验收试验的验收；试验后分解检查，确认无任何超过限制的损伤和磨损，没有可能导致部件失效的损伤。

如通过试验表明振动环境验证项的符合性，符合性要点包括试验条件的合理性，试验件的工作状态，试验程序的合理性。同时还应考虑如下因素：

（1）申请人可参考 DO-160 的第 8 章的试验程序进行温度变化环境的验证。

（2）如果在整机级或者系统级验证了部件暴露在最大振动等级（转子不平衡）中的运行功能和性能，并且积累了足够的循环数来表明部件在发动机运行期间不需要寿命管理，则无需开展额外的部件振动环境验证。如果在整机级或者系统级验证了部件暴露在最大振动等级中的运行功能和性能，但不满足设计寿命，则需开展额外的部件振动环境验证。如果发动机整机级或者系统级验证未能充分证明部件的高循环疲劳寿命且部件是静态安装的，则可以在非工作状态下额外的试验验证部件结构有效性，否则要求额外的试验在工作状态下开展。

（3）部件振动试验的振动等级与发动机生命周期内最大转子不平衡限制，或者部件安装区域可能遭遇的振动等级，以及安装使用手册定义的所有发动机使用状态相一致。验证的循环数取决于部件的构型以及材料持久疲劳属性。

2.10.6.7 工作冲击

工作冲击环境验证的目的是验证部件暴露在正常飞机运行中所遭受的工作冲击/碰坠撞载荷条件下能够正常工作。

工作冲击环境验证项适用于所有部件。

如通过试验表明工作冲击环境验证项的符合性，通过准则包括：试验期间，部件应在试验条件规定的限制内工作（如适用），不存在诸如锁紧延迟信号改变状态或电气开关信号保持在不正确位置等；试验后，部件中可能受工作冲击影响的零件应通过产品验收试验的验收；试验后分解检查，没有可能导致部件失效的损伤。

如通过试验表明工作冲击环境验证项的符合性，符合性要点包括试验条件的合理性，试验件的工作状态，试验程序的合理性。同时还应考虑如下因素：

（1）申请人可参考 DO-160 的第 7 章的试验程序进行温度变化环境的验证。

（2）考虑到工作冲击持续时间很短，在冲击脉冲阶段，大部分部件的运行状态并不影响控制系统的功能，因此在试验期间，部件可以处于非工作状态。但如果部件的运行可能导致其对发动机推力/功率的振荡或者导致其无法提供 33 部要求的功能（如发动机保护或限制），则试验中部件必须处于工作状态，同时在试验期间监视其运行状况，保证其运行在可接受的范围内。

2.10.6.8 坠撞安全

坠撞安全环境验证的目的是验证特定部件在紧急机动过程中不会发生导致危害性发动机后果的安装脱落。

坠撞安全适用于所有部件。当证明发动机的其他碰撞载荷要求（如吸冰和风扇叶片脱落）比坠撞安全严格时，坠撞安全非强制要求。

如通过试验表明坠撞安全环境验证项的符合性，通过准则包括：试验期间后，部件安装连接节始终未脱离于安装。

如通过试验表明工作冲击环境验证项的符合性，符合性要点包括试验条件的合理性、试验件的工作状态、试验程序的合理性。

2.10.6.9 恒加速

恒加速环境验证的目的是验证部件暴露在预期的加速、减速以及机动飞行引起的稳态惯性载荷环境时，部件结构完整，且能够执行预期的功能。

恒加速环境验证项适用于所有部件，特别是内部有弹簧、阀门等活动零件的部件。

如通过试验表明恒加速环境验证项的符合性，通过准则包括：试验期间，部件应在试验条件规定的限制内工作；试验后，部件中可能受恒加速影响的零件应通过产品验收试验的验收；试验后分解检查，确认没有可能导致部件失效的损伤。

如通过试验表明恒加速环境验证项的符合性，符合性要点包括试验条件的合理性，试验件的工作状态，试验程序的合理性。同时还应考虑如下因素：

（1）损伤评估：当通过独立试验表明符合性时，可以在非工作状态下验证部件在恒加速载荷下不会出现损伤；当通过振动试验或工作冲击试验代替独立试验表明符合性时，要求在振动试验或工作冲击试验下产生的加速度载荷比恒加速载荷更高。

（2）性能评估：可在工作状态下通过试验、分析或者二者结合的方法验证部件在恒加速载荷下实现预期的功能。通过试验表明符合性时，试验期间在航空器的 3 个轴向上施加加速度，同时需测量以验证部件运行正常。通过分析表明符合性时，考虑到部分包含可移动零件的部件都是控制系统闭环控制的一部分，零件位置的定位力是可变的。在闭环控制中，当零件暴露在恒加速力下时，只要有充足的定位力裕度，零件就不会移动。在这种情况下，通过分析来表明可用定位力大于需用定位力即可。

2.10.6.10　耐压

耐压环境验证的目的是验证部件可以经受耐压压力而不出现破坏或泄漏，且功能正常。

耐压环境验证项适用于存留或输送燃油、滑油或者高压气体的所有部件。对于大部分部件的设计、材料及环境，高压气体定义为压力大于环境压力 3~5 倍的气体。

如通过试验表明耐压环境验证项的符合性，通过准则包括：试验期间，部件应在试验条件规定的限制内工作；试验后，部件中可能受高流体压力影响的零件应通过产品验收试验的验收，或通过分析证明零件在试验期间正常工作；试验后分解检查，确认没有可能导致部件失效的损伤。

如通过试验表明恒加速环境验证项的符合性，符合性要点包括试验条件的合理性，试验件的工作状态，试验程序的合理性。同时还应考虑如下因素：

（1）耐压压力的设置应满足第 33.64 条（a）款（1）和第 33.64 条（b）款。

（2）如果部件除承受压力载荷外，还承受显著的静载荷，试验必须考虑这些静载荷。

（3）试验必须考虑部件工作温度，可以在部件最危险应力状态对应的温度下进行；也可以在室温下进行，但要适当增大试验压力，使之与高温下材料属性的损失量成比例。

（4）试验必须考虑部件材料和制造工艺的属性。

（5）试验必须考虑型号设计允许的任何不利几何条件对压力的修正。

（6）当部件中包含多个压力腔时，每个压力腔可能承受的最高工作压力不同，因此试验需要将每个压力腔分别暴露在各自的最大工作压力载荷下。而且，由于一些部件内部存在多个压力腔，所以耐压试验还需模拟相邻压力腔之间的最严苛压差，或者各个压力腔于环境压力的最严苛压差。

（7）试验中测试压力必须保持稳定至少 1min。

2.10.6.11 过压

过压环境验证的目的是验证部件可以经受过压压力而不出现破裂或爆裂。

过压环境验证项适用于存留或输送燃油、滑油或者高压气体的所有部件。对于大部分部件的设计、材料及环境,高压气体定义为压力大于环境压力3~5倍的气体。

如通过试验表明过压环境验证项的符合性,通过准则包括:试验期间,部件没有发生破裂或爆裂,允许经过密封条和密封表面存在泄漏,但不允许出现因压力腔本身失效而导致的泄漏;试验后,部件损伤可接受,且不要求部件可继续使用或者可修理。

如通过试验表明过压环境验证项的符合性,符合性要点包括试验条件合理性,试验件的工作状态,试验程序的合理性。同时还应考虑如下因素:

(1) 耐压压力的设置应满足第33.64条(a)款(2)和第33.64条(b)款。

(2) 如果部件除承受压力载荷外,还承受显著的静载荷,(作动筒和阀门的起动载荷)试验必须考虑这些静载荷。

(3) 试验必须考虑部件工作温度,可以在部件最危险应力状态对应的温度下进行;也可以在室温下进行,但要适当增大试验压力,使之与高温下材料属性的损失量成比例。

(4) 试验必须考虑部件材料和制造工艺的属性。

(5) 试验必须考虑型号设计允许的任何不利几何条件对压力的修正。

(6) 当部件中包含多个压力腔时,每个压力腔可能承受的最高工作压力不同,因此试验需要将每个压力腔分别暴露在各自的最大工作压力载荷下。而且,由于一些部件内部存在多个压力腔,所以耐压试验还需模拟相邻压力腔之间的最严苛压差,或者各个压力腔于环境压力的最严苛压差。

(7) 试验中测试压力必须保持稳定至少1min。

2.10.6.12 压力循环

压力循环环境验证的目的是验证部件能经受预期工作中的内部流体压力循环,并在预期使用生命周期内不出现失效。

压力循环环境验证项适用于存留或输送燃油、滑油或者高压气体的所有部件。对于大部分部件的设计、材料及环境,高压气体定义为压力大于环境压力3~5倍的气体。

如通过试验表明压力循环环境验证项的符合性,通过准则包括:试验期间和试验后,部件没有发生破裂或爆裂。

如通过试验表明压力循环环境验证项的符合性,符合性要点包括试验条件合理性,试验件的工作状态,试验程序的合理性。同时还应考虑如下因素:

(1) 如果部件除承受压力载荷外,还承受显著的静载荷,试验必须考虑这些静载荷。

(2) 试验可以在部件最危险应力状态对应的温度下进行;也可以在室温下进行,但要适当增大试验压力,使之与高温下材料属性的损失量成比例。

(3) 试验必须考虑部件工作温度、材料和制造工艺的属性,以及型号设计允许的任何不利几何条件对压力的修正。

（4）当部件中包含多个压力腔时，每个压力腔可能承受的最高工作压力不同，因此试验需要将每个压力腔分别暴露在各自的压力循环载荷下。而且，由于一些部件内部存在多个压力腔，所以过压试验还需模拟相邻压力腔之间的最严苛压差，或者各个压力腔于环境压力的最严苛压差。

（5）确保足够的循环以验证部件在其设计寿命中的结构性能，压力循环数应结合发动机循环确定。

（6）流体压力变化范围应从最小压力（近似为0）到最大正常工作压力。试验期间，只要试验压力达到了要求的等级，就不要求在最大压力处驻留。最小与最大压力之间的变化率不做要求。

（7）如果在整机级或者系统级积累了足够的循环数来表明部件在发动机运行期间不需要寿命管理，则无须开展额外的部件压力循环中验证。

2.10.6.13　燃油系统结冰

燃油系统结冰环境验证的目的是验证燃油系统及其部件在燃油结冰条件下的运行能力。

燃油系统结冰环境验证项适用于燃油系统及其可能遭遇结冰条件的部件（不包括管路）。在低温环境下，燃油中的水可能形成冰晶，堵塞燃油滤、热交换器等狭窄通道，累积到一定量后可能导致发动机失去推力控制，甚至完全丧失推力。

如通过试验表明燃油系统结冰环境验证项的符合性，通过准则包括：试验期间系统和部件正常运行，系统和部件正常运行可定义为未超过规定的限制满足部件的技术规格，发动机推力/功率损失不大于3%或者不大于1%的最大额定推力/功率，无发动机保护或限制能力的丧失，以及不存在未检测到需要飞行机组进行处理的故障；试验后，部件应通过产品验收试验的验收；试验后分解检查，确认没有可能导致部件失效的损伤。

如通过试验表明燃油系统结冰环境验证项的符合性，符合性要点包括试验条件的合理性，试验件的工作状态，试验程序的合理性。同时还应考虑如下因素：

（1）燃油系统结冰要求的符合性可以通过两种方法表明：在设计中采用燃油加热器，维持燃油温度在0℃（32℉）以上，使得燃油系统在结冰条件下能够正常运行；或者验证经批准的燃油防冰添加剂的有效性。25部飞机的发动机不能通过使用燃油防冰添加剂的方法表明符合性。

（2）对燃油系统运行及最危险燃油和环境条件进行分析，确定要求的试验条件。分析应考虑飞机燃油箱的最低温度，最冷的环境大气条件，飞机燃油传输系统对燃油的加热量，发动机燃油系统（如泵和计量装置）运行对燃油的加热量，流经热交换器时从其他系统获得的加热量，以及对所有可能受燃油结冰影响的燃油系统部件的评估。对于多数燃油系统，最冷的燃油温度通常发生在起飞、爬升，或中断着陆期间。燃油系统的其他最危险条件可能发生在其他运行状态下。

（3）燃油中的含水量应该与飞机申请时规定的或者与 CCAR-33.67 条中定义的最危险条件相一致。

（4）试验应包括发动机在最危险条件下的运行或模拟运行，或者根据试验数据充分评估对发动机运行的影响。

（5）试验时间应和最危险条件相匹配。试验时间应至少与暴露在燃油结冰下的预期时间相等。如果最危险条件是稳态的，试验时间通常不应少于20min。如果最危险条件是瞬态的（如飞机起飞阶段），试验时间应包含模拟系统暴露在燃油结冰条件下的整个阶段，该试验时间可能在15~30min左右。

（6）燃油系统结冰试验可以在单独的部件上进行，也可以在发动机燃油系统上进行；当在燃油系统级进行燃油结冰验证时，试验可用于表明第33.67条（b）款的符合性，而非第33.91的符合性。

（7）如果试验在燃油系统级开展，所有的燃油部件，如可移动零件、过滤器、滤网，以及燃油限制装置都应包括在试验中。如果其他部件会对结冰条件下燃油系统部件的运行产生影响，那么试验中也应包括这些部件；且燃油系统级结冰试验进气结冰。

（8）如果试验在燃油系统级开展，需对系统级试验进行额外的分析，以表明部件在燃油系统结冰条件下的符合性。

2.10.6.14　进气结冰

进气结冰环境验证的目的是验证发动机进气道暴露在结冰条件下时，部件能够正常运行。进气结冰环境验证项适用于暴露于发动机燃气流路或引气系统流路中的部件，例如，发动机进口温度/压力传感器。

如通过试验表明进气结冰环境验证项的符合性，通过准则包括：试验过程中，无导致不可接受的功率或推力损失的飞机提供数据失效，以及无导致不安全状态的单点失效/故障，或组合失效。试验后分解检查，确认部件具备继续遭受结冰条件的运行能力。

符合性要点：部件级试验需模拟传感器可能遭遇的严苛结冰环境。

如通过试验表明燃油系统结冰环境验证项的符合性，符合性要点包括试验条件的合理性、试验件的工作状态、试验程序的合理性。同时还应考虑如下因素：燃油系统结冰试验可以在单独的部件上进行，也可以在发动机燃油系统上进行；当在燃油系统级进行燃油结冰验证时，试验可用于表明33.67条（b）的符合性，而非33.91条的符合性。

2.10.6.16　燃油污染

燃油污染环境验证的目的是验证部件暴露在燃油污染环境中能够正常运行。

燃油污染环境验证项适用于接触燃油的部件。

如通过试验表明燃油污染环境验证项的符合性，通过准则包括：试验期间，部件应在试验条件规定的限制内工作；试验后，部件中可能受燃油污染影响的零件应通过产品验收试验的验收；试验后分解检查，没有可能导致部件失效的损伤。

如通过试验表明燃油污染环境验证项的符合性，符合性要点包括试验条件的合理性，试验件的工作状态，试验程序的合理性。同时还应考虑如下因素：

（1）燃油污染水平应与预期的安装和发动机/飞机维护程序相适应。由于燃油污染直接与飞机燃油系统有关，因此污染物的组成和浓度应与飞机制造商进行协商。

（2）对于确定的安装对象，如果能够确定燃油污染的最大正常（连续）水平，则在最大污染试验之间的燃油污染水平可减至最大正常水平；最大污染试验循环的时间应至少等于最长飞行时间；并在不同的试验阶段，将部件暴露在最大污染水平中。

（3）对于不确定的安装对象，可参考工业标准、行业标准、工业实践、燃油污染假设确定最大燃油污染水平。

（4）只要供给部件的燃油持续地污染至规定水平，试验中可使用发动机系统中的滤网或模拟过滤效应。试验中可根据持续适航文件的规定对滤网进行更换。

（5）试验循环应模拟典型的发动机任务循环或至少模拟典型发动机任务循环的严苛条件。

（6）如果部件执行了 33 部规章中要求的功能（如发动机超转保护、限制保护），应每 10 个循环至少验证一次上述功能。

（7）验证持续时间应至少 300h，通常可与室温试验相结合。

2.10.6.17　滑油污染

滑油污染环境验证的目的是验证部件暴露在滑油污染环境中能够正常运行。

滑油污染环境验证项适用于接触滑油的部件。

如通过试验表明滑油污染环境验证项的符合性，通过准则包括：试验期间，部件应在试验条件规定的限制内工作；试验后，部件中可能受滑油污染影响的零件应通过产品验收试验的验收；试验后分解检查，没有可能导致部件失效的损伤。

如通过试验表明滑油污染环境验证项的符合性，符合性要点包括试验条件的合理性、试验件的工作状态、试验程序的合理性。同时还应考虑如下因素：

（1）发动机润滑系统部件的最大污染物水平应与油滤的设计及持续适航文件规定的维护程序结合考虑。

（2）只要供给部件的滑油持续地污染至规定水平，试验中可使用发动机系统中的滤网或模拟过滤效应。试验中可根据持续适航文件的规定对滤网进行更换。

（3）应在整个验证中，保持滑油污染处于最大污染水平。

（4）试验循环应能模拟部件在典型发动机任务循环中执行的功能，或至少应能模拟典型发动机任务循环中最严苛的运行状态。

（5）如果部件执行了 33 部规章中要求的功能（如发动机超转保护、限制保护），应每 10 个循环至少验证一次上述功能。

（6）验证持续时间应至少 300h，通常可与室温试验相结合。

2.10.6.18　空气污染

空气污染环境验证的目的是验证部件暴露在空气污染环境中能够正常运行。

空气污染环境验证项适用于所有可能暴露于污染引气流路中的发动机部件（如阀门）。

如通过试验表明空气污染环境验证项的符合性，通过准则包括：试验期间，部件应在试验条件规定的限制内工作；试验后，部件中可能受空气污染影响的零件应通过产品验收试验的验收；试验后分解检查，没有可能导致部件失效的损伤。

如通过试验表明空气污染环境验证项的符合性，符合性要点包括试验条件的合理性，试验件的工作状态，试验程序的合理性。同时还应考虑如下因素：

（1）空气污染水平设置是否合理。

（2）应在第 1h 及随后每个第 10h 引入最大空气水平。

（3）试验循环应能模拟部件在典型发动机任务循环中执行的功能，或至少应能模拟典型发动机任务循环中最严苛的运行状态。

（4）如果部件执行了 33 部规章中要求的功能（如发动机超转保护、限制保护），应每 10 个循环至少验证一次上述功能。

（5）验证持续时间应至少 300h，通常可与室温试验相结合。

2.10.6.19　沙尘

沙尘环境验证的目的是确定部件在飞散沙尘环境中的适用能力，验证部件经受一定速度的沙尘后，能够实现预期功能，性能未恶化，并识别任何因暴露在沙尘环境下可能导致的部件功能异常和失效的损伤。

沙尘环境验证项适用于所有未对环境密封的部件。当沙尘渗入缝隙、轴承或接头，易引起活动部件、继电器、过滤器等的堵塞；形成导电电桥；成为水汽收集点，引起二次腐蚀；并污染正常工作的流体等。在航空器正常运转期间会遭受吹尘的发动机部件，需开展吹尘环境子科目验证；对于在航空器正常运转期间会遭受吹尘和吹沙的部件，需开展吹尘和吹沙环境子科目验证。

如通过试验表明沙尘环境验证项的符合性，通过准则包括：

（1）沙尘试验后部件能够通过产品验收试验。

（2）沙尘的沉淀不会导致机械部件的堵塞或粘合，无卡住或阻碍现象，不会导致电气故障。

（3）试验后无部件损伤，或损伤不会对部件正常运行和结构完整性产生即时或长期的影响。

如通过试验表明沙尘环境验证项的符合性，符合性要点包括试验条件的合理性，具体有吹尘和吹沙试验子科目的适用性、尘和沙成分和浓度、试验件的工作状态（除非另有规定，试验件在暴露期间不需要运转）、吹尘和吹沙试验程序的合理性。申请人通常可以参考 DO-160 第 12 章设置沙尘试验的试验条件和试验程序。

2.10.6.20　盐雾

盐雾环境验证的目的是验证部件暴露在盐雾环境后实现预期功能。

盐雾环境验证项适用于所有发动机部件。当部件遭遇盐雾环境后，由于盐的沉积，易造成金属的腐蚀；活动部件的阻塞和卡滞；损坏接触器和无涂覆导线绝缘层，导致绝缘失效。当部件安装在飞机正常运行过程中受腐蚀大气影响的位置时，应进行标准盐雾试验；当部件安装在受严重盐雾大气环境影响的位置，例如，安装在可能海边运行或停放的飞机上，直接暴露于未经过滤的空气中，应进行严酷盐雾试验。

如通过试验表明盐雾环境验证项的符合性，通过准则包括：试验后，部件中可能受振动影响的零件应通过产品验收试验的验收；试验后分解检查，确认没有可能会导致部件失效的损伤，盐粒沉淀不会导致机械部件的堵塞或黏合，不会导致电气故障，或者造成的腐蚀不会对部件正常运行和结构完整性产生即时或长期的影响。

如通过试验表明盐雾环境验证项的符合性，符合性要点包括试验条件的合理性，试验件的工作状态，试验程序的合理性。同时还应考虑如下因素：

（1）申请人可参考 DO-160 第 14 章的试验程序进行盐雾环境的验证。

（2）盐雾试验不要求部件处于工作状态。

（3）如需使用单个试验件进行连续试验或多项试验时，盐雾试验不能在霉菌试验之前进行；盐雾试验不能在沙尘试验之后进行。

2.10.6.21 霉菌

霉菌环境验证的目的是验证部件使用的材料在有利于霉菌生长的条件下，不会助长霉菌。

霉菌环境验证项适用于所有部件。当部件处于有利于霉菌生长的条件下，可能对部件材料的物理特性和长时性能产生影响，导致部件性能劣化，并可能会对操作或其他接触部件的人员带来影响（如健康风险）。

如通过试验表明霉菌环境验证项的符合性，通过准则包括：试验后，通过检查确定霉菌生长对材料物理特性即时和长期的影响；霉菌生长不会产生有害人为因素影响评估（包括健康风险）；对易受霉菌侵袭的材料在组装到部件时得到了充分的保护。

如通过试验表明霉菌环境验证项的符合性，符合性要点包括试验条件的合理性，试验件的工作状态，试验程序的合理性。同时还应考虑如下因素：

（1）申请人可参考 DO-160 第 13 章的试验程序进行霉菌环境的验证。

（2）霉菌试验不要求部件处于工作状态。

（3）可通过对部件材料进行霉菌影响分析或者试验表明部件对霉菌环境的符合性；当证明部件材料对霉菌敏感时，应对易受霉菌侵袭的材料在组装到部件时得到了充分的保护，从而避免霉菌的生长。

（4）如需使用单个试验件进行连续试验或多项试验时，霉菌试验不能在盐雾试验之后进行。

2.10.6.22 防爆

防爆环境验证项的目的是验证部件不会成为导致易燃液体或气体爆炸的着火源。

防爆环境验证项适用于所有接触易燃液体或气体的电子电气部件，这部分部件易产生电弧、火花、高温自燃等问题，成为易燃液体和气体的火源。

如通过试验表明防爆环境验证项的符合性，通过准则包括：对于安装与易燃液体区域的未对流体密封的部件，试验过程中部件不能引起外部爆炸；对于安装与火区的部件，试验过程中部件不能爆炸；对于安装与易燃液体区域的对流体密封的部件，试验过程中部件表面温度不能超过流体燃烧温度。试验后，部件损伤可接受，且不要求部件可继续使用或者可修理。

如通过试验表明防爆环境验证项的符合性，符合性要点包括试验条件的合理性，试验件的工作状态，试验程序的合理性。同时还应考虑如下因素：

申请人可参考DO-160第9章的试验程序进行防爆环境项的验证。

2.10.6.23　湿热

湿热环境验证项的目的是验证部件能够承受自然或人工的湿热大气。湿热环境验证项适用于所有部件。湿热环境能对部件造成的危害主要包括腐蚀和吸收湿气而引起设备性能的改变，如力学性能（金属）、电性能（导体和绝缘体）、化学性能（吸湿的元件）、热性能（隔热体）。对于在民用飞机、军用飞机和其他种类飞机环境控制舱内的设备，需进行标准湿热环境验证；对于在环境非控制区内的设备在更为严酷的大气潮湿环境的条件下工作，且工作时间超过标准湿热环境规定的时间，需进行严酷的湿热环境验证；对于在直接接触外界空气的条件下工作的设备，其工作时间超过标准潮湿环境中规定的时间，需进行外部湿热环境验证。

如通过试验表明湿热环境验证项的符合性，通过准则包括：试验后的规定时间内，部件中可能受空气污染影响的零件应通过产品验收试验的验收；试验后分解检查，没有可能导致部件失效的损伤。

如通过试验表明湿热环境验证项的符合性，符合性要点包括试验条件的合理性、试验件的工作状态、试验程序的合理性。同时还应考虑如下因素：申请人可参考DO-160第6章的试验程序进行防爆环境项的验证。

2.10.6.24　防水

防水环境验证项的目的是确定设备是否能经受住喷洒或滴落到其上面的液体水的影响。

防水环境验证项适用于所有非密封部件。本试验不适用于气密密封部件的检验。密封部件可以看作是满足了所有的防水要求，不需进一步验证。如果部件是永久密封且不透气的，也可看作是密封的。对于在飞机正常飞行时会经受冷凝水作用的部件，需开展防冷凝水验证；对于在飞机正常飞行中会经受滴水（通常由冷凝引起）位置的部件，需开展防滴水验证；对于在可能受到雨淋或会从任何角度受到水喷洒的位置的部件，需开展防喷水验证；对于在可能受到流体强力冲击位置的部件，如在飞机的除冰、冲洗或清洗操作中能遇到水流冲刷的部件，需开展防连续流水验证。

如通过试验表明湿热环境验证项的符合性，通过准则包括：试验后的规定时间内，部件中可能受水影响的零件应通过产品验收试验的验收；试验后分解检查，没有可能导致部件失效的损伤。

如通过试验表明湿热环境验证项的符合性，符合性要点包括试验条件的合理性、试验件的工作状态、试验程序的合理性。同时还应考虑如下因素：申请人可参考DO-

160 第 10 章的试验程序进行防爆环境项的验证。

2.10.6.25　流体敏感性

流体敏感性环境验证的目的是验证部件暴露在规定的流体后能够正常运行，并且识别由流体敏感性所导致的，可能引起部件失效的任何损伤。

流体敏感性环境验证项适用于所有与流体接触的发动机部件。发动机系统和部件可能会暴露在各种不同的流体中，对发动机系统和部件的功能和寿命造成有害影响。

如通过试验表明流体敏感性环境验证项的符合性，通过准则包括：试验后，通过部件或试验样本的检查，确认没有可能会导致部件失效的损伤。

如通过试验表明盐雾环境验证项的符合性，符合性要点包括试验条件的合理性，试验件的工作状态，试验程序的合理性。同时还应考虑如下因素：

（1）申请人可参考 DO-160 第 11 章的试验程序进行流体敏感性环境的验证。

（2）流体敏感性试验不要求部件处于工作状态。

（3）部件运转和维修过程中可能会暴露的流体种类是否全面。

（4）部件运转过程中可能遭遇的流体，需要采用浸渍试验验证；维修过程可能遭遇的流体，需要采用喷淋试验验证。

（5）对于可能接触多种流体的部件，是否进行了流体敏感性排序，并针对流体可能遭遇的最坏状况进行了流体敏感性试验。若未做排序或不能分析出最敏感或危害性最大的流体，是否对多种流体分别进行了试验。

（6）可以通过对部件采用的材料对流体的敏感性分析、试验来表明部件流体敏感性环境验证项的符合性。

2.10.6.26　防火/耐火

防火/耐火环境验证的目的是验证部件暴露在着火条件下，至少 15min/5min 内保持其预期功能的能力，不产生危险量的易燃液体、蒸汽或其他物质泄漏。

防火/耐火适用于存留或输送可燃液体的发动机部件，或者位于指定火区内的发动机控制系统部件。通常滑油输送部件都需达到防火标准；燃油输送部件都需至少达到耐火标准；空气输送部件都需至少达到耐火标准；液压油输送部件都需至少达到耐火标准；控制系统部件至少达到耐火标准，但需要根据其对于发动机危害性后果的影响确定防火/耐火等级。

如通过试验表明防火/耐火环境验证项的符合性，通过准则包括：

（1）部件在着火条件下需保持预期功能，并在着火条件下逐项验证这些预期功能。申请人需与局方就预定功能的验证在审定早期进行协调，以下例子仅为参考。

（2）发动机燃油控制部件在持续工作时不能导致危险状况，但在要求的暴露时间内的任何时刻，必须允许（或可导致）发动机可以安全停车。在着火试验期间，如果发动机安全停车并维持到试验结束，则该结果是可以接受的。

（3）关断阀门必须为防火设计，承受 5min 火焰后必须能够进行切断操作，或默认设置为关断状态，并且在整个 15min 防火试验中保持关断状态，不得泄漏出危险量的可燃液体。

（4）没有危险量的可燃液体、蒸汽或其他物质泄漏。在试验期间及结束时，试验件不能以任何方式出现危险量的易燃液体泄漏。在试验期间及结束后，承压管路必须保持承压能力。为确定试验件是否发生泄漏以及泄漏的程度，通常在移除火焰后保持试验件承压的情况下，观察试验件一段时间。（备注：CS-E AMC 130 /5757 定义了可能发生危险的燃油量为 0.25L，滑油、液压油的危险量的确定应等价于燃油的热值）。

（5）试验件的材料组成或泄漏的易燃物等不会维持现有火情。

（6）没有余火。例如，快速自熄、无复燃通常是可以接受的。然而，必须考虑移除着火试验器火焰后继续燃烧的火焰。这种事件可能是试验件的材料组成可燃或者存在泄漏可燃液体（在每种情况下都不考虑防火墙）。通常这些事件将导致试验失败。

（7）无其他危险状况（hazardous condition）。试验中不得有任何危险状况发生。危险状况是指任何导致发动机着火；爆炸（产生的危害碎片击穿发动机机匣）；产生的负载大于第 33.23 条（a）款中指定的极限负载；失去停车能力，以及任何其他妨碍持续安全工作或导致发动机停车的状况。

（8）试验后，部件损伤是可接受的，并且也不要求部件可使用或者可修理。

针对电子控制系统部件，判断准则还应考虑如下要求：

（1）暴露在火中时，电子控制系统应能保证发动机安全停车，并且在暴露期间不会对发动机和航空器产生危害性影响。

（2）电子控制系统的燃油操纵部件必须是耐火的。

（3）对于电子控制系统中控制气流的部件，考虑到其失效可能会加大火势，应考虑当系统暴露在火中这类部件的防火和耐火能力。

（4）当电子控制系统暴露在火中时，发动机应始终具备停车能力。

（5）当通过分析仿真的方法模拟发动机在电子控制系统暴漏在火中其输出的响应时，该分析仿真方法应经过验证。

如通过试验表明防火/耐火环境验证项的符合性，符合性要点包括试验条件的合理性、试验件的工作状态、试验程序的合理性。同时还应考虑如下因素：

（1）防火或者耐火验证等级应覆盖第 33.17 条的要求。

（2）开展防火/耐火试验应根据型号设计及防火/耐火判定原则，确定部件采用防火/耐火等级要求。

（3）应开展分析并明确部件火焰冲击位置。

（4）试验件应模拟部件在发动机工作时的真实工况及安装要求。

（5）防火/耐火试验应采用局方认可的标准火焰煤油型燃烧器和标定方式。

2.10.6.27　包容性

包容性环境验证的目的是验证部件具备能包容包含高速旋转转子的部件在任何情况下最大运转转速下发生的任何破坏的能力。

包容性环境验证项适用于具有高速旋转转子的部件，如空气涡轮起动机、交流发电机、燃油泵等。

如通过试验表明包容性环境验证项的符合性，通过准则包括：

（1）当部件在其最严苛的工作条件下，未发生转子破裂，并且部件始终固定在其安装座上。

（2）当部件在其最严苛的工作条件下，发生转子破裂但并未产生高能碎片。

（3）当部件在其最严苛的工作条件下，发生转子破裂并产生高能碎片时，部件外部机匣必须能包容住所有高能碎片，并且任何部件失效后部件始终固定在其安装座上。

如通过试验表明包容性环境验证项的符合性，符合性要点包括试验条件的合理性，试验件的工作状态，试验程序的合理性。同时还应考虑如下因素：

（1）由于温度对包容材料的性能影响较大，间接影响包容性，在对起动机等需要气源工作的部件验证时，试验条件应考虑进气温度。

（2）包容性试验前应开展分析，明确各部件转子的失效模式，如轮齿断裂、轮盘破裂等。若经过分析表明部件失效后产生的碎片不是高能碎片，可不进行包容性试验。

（3）部件包容性试验应考虑在部件最严苛的工作条件下进行，通常最严苛条件时部件可能遭遇的最大运转转速。以起动机为例，起动机三等分包容试验转速的确定与三个转速相关：最大自由运转转速、转子破裂转速和最大传动转速（发动机反带情况下最大转速）。但由于转子破裂（本身转子破）后，起动机无法继续正常工作，因此最大自由运转转速不会高于转子破裂转速。所以，这几个转速之间主要有以下几种情况：如果最大自由运转转速（以离合器脱开，但是供气，继续运转）＜转子破裂转速＜最大传动转速，试验转速为转子破裂转速；如果最大自由运转转速＜最大传动转速＜转子破裂转速，试验转速为最大传动转速；如果最大传动转速＜最大自由运转转速＜转子破裂转速，试验转速为最大自由运转转速。发动机反带情况下最大转速应与发动机高压转子超转产生的最大转速（红线转速）相匹配。

2.10.6.28 电子控制单元过热

电子控制单元过热环境验证的目的是验证发动机控制系统的电子控制部件在环境温度超过规定限值时不会造成不安全状况。

电子控制单元过热环境验证项只适用于执行发动机推力/功率控制或发动机保护功能的电子控制部件，以及包含信号调节功能（如放大、滤波、数字处理或模拟运算）的所有电气或电子部件，这些部件由运算放大器、微处理器、集成电路或晶体管组成；不适用于仅执行发动机健康管理功能的部件；也不适用于无源器件；如螺旋线圈、电阻、电线、热电偶，或者 LVDT 等就是这类部件。

如通过试验表明电子控制单元过热环境验证项的符合性，通过准则包括：

（1）在部件运行过程中，发动机始终工作在安全模式下。部件必须持续控制发动机，使其工作在安全运行限制内，即通过维持对推力/功率改变命令的响应能力或维持发动机保护功能，从而控制发动机运行在涡轮机械红线限制内，以及保持发动机按照指令停车的能力。

（2）发动机必须保持可控直至飞行员停车。大的不可控转速改变或持续振荡是不可接受的。

（3）试验期间，部件失效导致的发动机安全停车是可接受的。但是一旦发动机停车被触发后，在停车结束后，部件过热状态还应继续维持5min，在此期间部件故障模式不能导致非指令的发动机再起动或再加速。

（4）应考虑过热过程中发动机的运行状态是否可接受。

（5）通过准则应考虑过热事件的飞机维护计划。如果持续适航文件（ICA）要求过热事件发生后必须拆除部件，并且不允许再次使用，那么在验证后不需要再满足部件验收试验要求。如果ICA规定，对于特定的过热条件，验证后EEC可以再次使用，则必须在EEC过热后进行产品验证试验的验证。

如通过试验表明电子控制单元过热环境验证项的符合性，符合性要点包括试验条件的合理性、试验件的工作状态、试验程序的合理性。同时还应考虑如下因素：

（1）过热状态是指部件暴露在温度大于最大安全设计工作温度的状态。最大安全设计工作温度为发动机安装手册中声明的经高温试验或温度循环验证的最大工作温度。

（2）在设计中应考虑部件在超出其规定温度限制下的运行能力。当部件温度超出了正常限制时，可能触发发动机系统的一些失效模式。即使该过热状态可能是由另一个失效模式引起的，发动机也可能在该状态下运行一段时间，并因此可能产生二次失效。试验过程中应评估并验证部件不会发生危害性更高的二次失效的要求。

（3）应结合过热事件与发动机安装的失效模式来分析最大的试验温度和及其变化。

（4）验证过程应从部件最低工作温度开始，持续增加部件周围的环境温度，直至部件完全失去运行能力。

（5）如果导致过热的气源的最大温度和流量是已知的，即过热状态是确定的，可以用仿真分析的方法表明过热环境符合性。

（6）应在控制系统级评估过热状态下验证部件可能的失效对发动机的影响。通常过热环境试验为控制系统试验的一部分，常见做法是在部件级过热试验中采集真实电气的输出，在控制系统级结合真实电器的输出，开展仿真分析验证应考虑过热过程中发动机的运行状态是否可接受。

2.10.6.29 电源输入

用电设备在使用航空器电网的时候会受到电网干扰的影响，同时用电设备会对航空器电网产生影响，干扰其他设备工作。电源输入环境验证项的目的是验证部件在预期的电源输入范围内能够正常工作。

电源输入环境验证项适用于从航空器直接接受电能的电气/电子部件或含有电气/电子子部件的部件。

当申请人选择采用试验表明电源输入环境验证项的符合性，通过准则包括：试验期间，部件应在试验条件规定的限制内工作；若部件中存在可能受电源输入影响的零件，试验后部件应通过产品验收试验的验收，并确认没有可能导致部件失效的损伤；如有必要，试验后应进行分解检查。

当申请人选择采用试验表明电源输入环境验证项的符合性，符合性要点包括试验条件、试验件的工作状态、试验程序的合理性。

2.10.6.30　电源输入-电压尖峰

对使用航空器汇流条供电的设备，设备在电源通断时刻会产生电压尖峰，电压尖峰会通过汇流条传导到使用该汇流条的其他用电设备，会导致设备损坏或性能降级。电源输入-电压尖峰环境验证项的目的是验证设备能否承受沿其直流或交流电源线到达该设备处的电压尖峰的影响。

电源输入-电压尖峰环境验证项适用于从航空器汇流条获取电能的电气/电子设备。

当申请人选择采用试验表明电源输入-电压尖峰环境验证项的符合性，通过准则包括：试验期间，施加规定的电压尖峰后设备性能应不发生降级或对功能产生不利影响；若部件中存在可能受电源输入-电压尖峰影响的零件，试验后部件应通过产品验收试验的验收，并确认没有可能导致部件失效的损伤；如有必要，试验后应进行分解检查。

当申请人选择采用试验表明电源输入-电压尖峰环境验证项的符合性，符合性要点包括试验条件、试验件的工作状态、试验程序的合理性。

2.10.6.31　电源输入-音频传导敏感性

对使用航空器汇流条供电的设备，设备工作时会产生与自身电源基频相关的谐波干扰，干扰会影响汇流条上的其他设备正常工作。电源输入-音频传导敏感性环境验证项的目的是验证电子电气设备是否允许（耐受）在电源输入线上预期量级的频率分量存在。这些频率分量是与电源基频相关的谐波。

当申请人选择采用试验表明电源输入-音频传导敏感性环境验证项的符合性，通过准则包括：试验期间，施加规定的音频干扰电源输入后设备的性能不发生降级或对功能产生不利影响；若部件中存在可能受电源输入-音频传导敏感性影响的零件，试验后部件应通过产品验收试验的验收，并确认没有可能导致部件失效的损伤；如有必要，试验后应进行分解检查。

当申请人选择采用试验表明电源输入-音频传导敏感性环境验证项的符合性，符合性要点包括试验条件、试验件的工作状态、试验程序的合理性。

2.10.6.32　静电放电

静电放电会导致介质击穿机载设备，从而导致机载设备永久性的性能降低。静电放电环境验证项的目的验证设备不会因静电脉冲的空气放电而导致永久性的性能降低而仍能执行预期功能的能力，即测量设备的静电抗扰度。

静电放电环境验证项适用于针对由于人体接触而产生静电放电的机载设备，在正常操作或维护过程中容易接触到的设备或表面，不适用于连接器的针。

当申请人选择采用试验表明电源输入-电压尖峰环境验证项的符合性，通过准则包括：试验期间，即按要求施加规定的静电脉冲信号后，设备的性能不发生降级或对功能产生不利影响；若部件中存在可能受静电放电影响的零件，试验后部件应通过产品验收试验的验收，并确认没有可能导致部件失效的损伤；如有必要，试验后应进行分解检查。

当申请人选择采用试验表明静电放电环境验证项的符合性，符合性要点包括试验条件、试验件的工作状态、试验程序的合理性。

2.10.6.33 电磁辐射/高强度辐射场

电磁辐射/高强度辐射场环境验证项的目的是验证部件或系统电磁辐射/高强度辐射场环境中，无不可接受的设备性能降级或对功能影响。

电磁辐射/高强度辐射场环境验证项适用于电气/电子部件或系统。

当申请人选择采用试验表明电磁辐射/高强度辐射场环境验证项的符合性，通过准则包括：系统应满足第33.28条的要求；除此之外，部件在承受规定的感应信号后，部件或系统的性能不发生降级或对功能产生不利影响；部件在承受规定的射频敏感信号后，部件或系统的性能不发生降级或对功能产生不利影响；部件在承受规定的射频信号后，性能不发生降级或对功能产生不利影响；在规定的频率范围内，由待测设备、电缆和互连线产生的辐射干扰电场均低于规定的限值。

当申请人选择采用试验表明电磁辐射/高强度辐射场环境验证项的符合性，符合性要点包括试验条件、试验件的工作状态、试验程序的合理性。

2.10.6.34 雷电间接效应

当航空器遭遇雷电时，航空器机身成为传导通路，瞬态大电流通过机身表面传输，分布在雷电入点和出点之间。雷电发生时产生的瞬态高强电磁场通过阻性耦合和电场和磁场耦合机制在机内设备互联线缆束上感应出瞬态高电压和大电流，出现在电子电气设备接口，导致设备损坏或系统功能紊乱。雷电间接效应环境验证项的目的是验证在理想的闪电波形和预期感应的电平模拟外部闪电环境下，在互连导线内感应的电压和电流瞬变来验证系统和系统内包含的部件承受闪电感应电瞬变效应的能力，部件不会因雷击产生的电流而引起损伤。

雷电间接效应环境验证项适用于电气/电子部件或系统。

当申请人选择采用试验表明雷电间接效应环境验证项的符合性，通过准则包括：系统应满足第33.28条的要求；除此之外，在部件上施加规定的信号后，待测部件性能不发生降级或对功能产生不利影响，以及造成元器件损坏；电路无功能衰退，以及通过检查确认未发生因雷击感应产生电流注入到连接器而引起的损伤；试验后，确认瞬态抑制装置和滤波器部件仍然有效。

当申请人选择采用试验表明雷电间接效应环境验证项的符合性，符合性要点包括试验条件，试验件的工作状态，试验程序的合理性。同时还应考虑如下因素：

（1）试验等级和波形的选择试验等级应与预期航空器应用定义的等级相一致，并且通常需要在发动机安装手册中规定。

（2）试验过程线缆放置是否合理。

（3）除系统级雷电间接效应验证，申请人应在部件级对部件开展引脚注入试验，验证设备因雷击感应产生电流注入到连接器而引起损伤。

（4）对于无源，无 EMI 滤波器的简单电气装置、瞬态电压抑制器，或者其他类似的经壳体接地与航空器结构相连的电路元件，允许选择规定的波形进行试验，例如控制系统中用于反馈执行机构位置的线性可变差动传感器（LVDT）。对于这些简单电气装置，如果采用的峰值电压试验等级不小于要求的试验峰值电压，则可以采用绝缘耐压试验或高电位试验来代替引脚注入试验。

第 3 章 涡轴 16 发动机的系统审定策划和实践

涡轴 16 发动机由附件传动齿轮箱、燃气发生器和动力涡轮 3 大单元体，通用、空气、滑油、燃油、点火、控制和排气 7 大系统以及 1 个独立的电子控制器组成。附件传动单元体位于压气机前方，集成滑油箱并安装附件；压气机为双级离心压气机，径向进气；燃烧室为回流环形燃烧室；燃气涡轮为单级轴流非冷却式涡轮；动力涡轮为双级轴流涡轮，动力输出轴与燃气发生器转子同心前输出，动力涡轮与燃气涡轮对转设计；燃气发生器转子采用 1-0-1 支承方式，动力涡轮转子采用 2-2-0 支承方式；双通道 FADEC 控制系统，电子控制器与发动机本体分离；同时发动机自带主排气管。

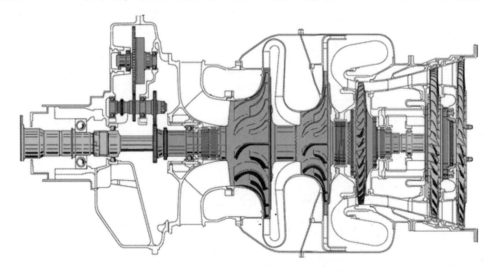

图 3-1　涡轴 16 发动机示意图

涡轴 16 发动机型号审查组成立于 2010 年 8 月 16 日，以 2012 年 1 月 1 日生效的《中国民用航空规章》第 33 部《航空发动机适航规定》（CCAR-33-R2）、2002 年 3 月 20 日生效的中国民用航空规章第 34 部《涡轮发动机飞机燃油排泄和排气排出物规定》（CCAR-34）、有关专用条件为审定基础开展适航审查工作。其中系统专业涉及的审定基础 CCAR-33 部的 10 个条款见表 3-1，相关的问题纪要 9 份见表 3-2。

表 3-1　系统安全涉及的规章条款

序号	条款	标题
1	33.21	发动机冷却
2	33.25	附件连接装置
3	33.28	发动机控制系统
4	33.28（g）	电子控制系统软件
5	33.28（m）	电子控制系统硬件
6	33.29	仪表连接
7	33.66	引气系统
8	33.67	燃油系统
9	33.69	点火系统
10	33.71	滑油系统
11	33.74	持续转动
12	33.75	安全分析
13	33.91	发动机系统及部件试验

表 3-2　系统安全专业颁发的问题纪要

序号	标题	类别	日期	状态
1	关于指示系统符合性方法变更的问题纪要	G-2	2019/03/04	关闭
2	关于涡轴 16 发动机部件试验符合性方法部分更改的问题纪要	G-2	2019/07/25	关闭
3	关于涡轴 16 发动机通过分析代替燃油系统固体污染试验的问题纪要	G-2	2019/07/25	关闭
4	关于涡轴 16 发动机 203 号机滑油中断试验制造符合性检查和试验目击的问题纪要	G-2	2019/07/25	关闭
5	关于涡轴 16 发动机通过分析代替持续转动试验的问题纪要	G-2	2019/08/08	关闭
6	涡轴 16 发动机全权限电子控制器中的可编程电子硬件	G-2	2019/08/20	关闭
7	涡轴 16 发动机全权限电子控制器中的基于模型开发的软件	G-2	2019/08/20	关闭
8	关于涡轴 16 发动机燃油泵试验制造符合性检查的问题纪要	G-2	2019/08/21	关闭
9	燃油系统固体污染的符合性方法的问题纪要	G-2	2019/09/11	关闭

　　系统专业组利用型号合格审定信函批准了涡轴 16 发动机的审定计划，并针对审查过程中遇到的问题进行跟踪管理，总计签发信函 19 份，涉及安全分析、控制系统、软硬件、燃滑油系统、空气系统、点火系统、指示系统、附件传动等专业，如表 3-3 所示。

表 3-3　系统安全专业颁发的审定信函

序号	审定信函内容	备注
1	批准涡轴 16 发动机点火系统审定计划	点火系统
2	批准涡轴 16 发动机持续转动审定计划	持续转动
3	批准涡轴 16 发动机润滑系统审定计划	滑油系统
4	批准涡轴 16 发动机燃油系统审定计划	燃油系统
5	批准涡轴 16 发动机空气系统审定计划	空气系统

表 3-3 （续）

序号	审定信函内容	备注
6	批准涡轴 16 发动机指示系统审定计划	指示系统
7	批准涡轴 16 发动机附件传动系统审定计划	附件传动
8	批准涡轴 16 发动机部件试验审定计划	部件试验
9	关于涡轴 16 发动机部件试验审定计划符合性审查方案的函	部件试验
10	关于滑油泵和燃油滤旁通阀及堵塞指示器适航文件审查方案的建议回复	
11	关于开展涡轴 16 发动机软硬件审定计划讨论通知	软硬件
12	关于开展涡轴 16 发动机软硬件审定计划讨论通知	
13	涡轴 16 发动机控制系统软件、硬件审查资料要求	
14	批准涡轴 16 发动机电子控制器软件合格审定计划	
15	批准涡轴 16 发动机电子控制器硬件合格审定计划	
16	涡轴 16 发动机安全分析审查资料要求	安全分析
17	涡轴 16 发动机安全分析审查要求	
18	批准涡轴 16 发动机安全分析审定计划	
19	关于批准《涡轴 16 发动机控制系统审定计划》的函	控制系统

系统专业组与申请人共同规划了安全分析、附件传动系统、控制系统、指示系统、燃油系统、润滑系统、点火系统、空气系统、部件试验、持续转动、数字电子控制器软件和硬件等 12 个审定计划（见表 3-4），双方依据审定计划中共识的规章要求、符合性方法、符合性验证思路和实施计划开展审查工作。

表 3-4 系统专业组合格审定计划

编号	名 称
1	涡轴 16 发动机指示系统审定计划
2	涡轴 16 发动机燃油系统审定计划
3	涡轴 16 发动机持续转动审定计划
4	涡轴 16 发动机附件传动系统审定计划
5	涡轴 16 发动机控制系统审定计划
6	涡轴 16 发动机点火系统审定计划
7	涡轴 16 发动机部件试验审定计划
8	涡轴 16 发动机润滑系统审定计划
9	涡轴 16 发动机安全分析审定计划
10	涡轴 16 发动机空气系统审定计划
11	涡轴 16 发动机电子控制器软件合格审定计划
12	涡轴 16 发动机电子控制器硬件合格审定计划

系统专业适航符合性检查清单如表 3-5 所示。

表 3-5 系统专业适航符合性检查清单

条款	符合性文件名称
33.21	涡轴 16 发动机热端部件热分析文件
	涡轴 16 发动机热端部件热分析方法试验验证说明文件
	涡轴 16 发动机冷却系统说明报告
	涡轴 16 发动机第 33.21 条符合性说明报告
33.25	涡轴 16 发动机第 33.25 条符合性报告
	涡轴 16 发动机附件传动系统动密封合格证
	涡轴 16 发动机附件传动轴承鉴定分析报告
	涡轴 16 发动机 251 号机零件超差分析
	涡轴 16 发动机 251 号机共振驻留试验用构型与基础构型差异分析
	涡轴 16 发动机附件传动系统齿轮 150h 持久试验后仍具备持续工作能力的符合性说明报告
	涡轴 16 发动机附件传动齿轮共振驻留补充试验大纲
	涡轴 16 发动机附件传动齿轮共振驻留补充试验报告
33.28	涡轴 16 发动机控制系统设计文档
	涡轴 16 发动机控制系统局部事件符合性分析
	涡轴 16 发动机控制和仪表的隔离
	涡轴 16 发动机电源分析报告
	涡轴 16 发动机停车系统
	涡轴 16 发动机燃气发生器超转保护类比分析报告
	涡轴 16 发动机 n_p 转子超转保护报告
	涡轴 16 发动机控制系统整机试验大纲
	涡轴 16 发动机控制系统半物理台试验大纲
	涡轴 16 发动机控制系统整机试验报告
	涡轴 16 发动机控制系统半物理台试验报告
	涡轴 16 发动机控制系统在正常模式下良好工作能力
	涡轴 16 发动机控制系统在可能的失效模式-控制转换下的良好工作能力
	涡轴 16 发动机电子控制器过热试验大纲
	涡轴 16 发动机电子控制器过热试验报告
	涡轴 16 发动机控制系统 EMI 试验大纲
	涡轴 16 发动机控制系统 EMI 试验报告
	涡轴 16 发动机控制系统 HIRF 试验大纲
	涡轴 16 发动机控制系统 HIRF 试验报告
	涡轴 16 发动机控制系统闪电试验大纲
	涡轴 16 发动机控制系统闪电试验报告
	涡轴 16 发动机控制系统闪电针脚注入试验大纲

表 3-5（续）

条款	符合性文件名称
33.28	涡轴 16 发动机控制系统闪电针脚注入试验报告
	涡轴 16 发动机控制系统闪电、HIRF 和 EMI 试验偏离和分析报告
	涡轴 16 发动机控制系统精度
	涡轴 16 发动机超转保护系统检测间隔分析报告
	单粒子效应分析报告
	涡轴 16 发动机安全分析摘要
	涡轴 16 发动机控制系统安全分析报告
	涡轴 16 发动机高空台试验类比分析报告
	涡轴 16 发动机控制系统接地和线缆连接检查验证报告
	涡轴 16 发动机第 33.28 条符合性说明报告
33.28（g）	涡轴 16 发动机电子控制器软件配置项及生命周期环境索引
	涡轴 16 发动机电子控制器软件实施概要
	涡轴 16 发动机电子控制器软硬件版本信息说明
33.28（m）	涡轴 16 发动机电子控制器 FPGA 硬件完成总结
	涡轴 16 发动机电子控制器硬件完成总结
	涡轴 16 发动机电子控制器 FPGA 硬件构型索引
	涡轴 16 发动机电子控制器硬件构型索引
	涡轴 16 发动机电子控制器软硬件版本信息说明
33.29	涡轴 16 发动机仪表连接防错设计分析报告
	涡轴 16 发动机控制和仪表的隔离
	涡轴 16 发动机仪表规定
	涡轴 16 发动机安全分析摘要
	涡轴 16 发动机电气接地分析
	涡轴 16 发动机 33.29 条符合性说明报告
33.67	涡轴 16 发动机燃油固体污染试验分析报告
	涡轴 16 发动机燃油系统设计分析说明
	涡轴 16 发动机燃油牌号分析说明
	涡轴 16 发动机第 33.67 条符合性说明报告
33.69	涡轴 16 发动机第 33.69 条符合性说明报告
33.71	涡轴 16 发动机滑油中断试验大纲
	涡轴 16 发动机滑油中断试验报告
	涡轴 16 发动机姿态试验大纲
	涡轴 16 发动机姿态试验报告
	涡轴 16 发动机润滑系统设计分析说明
	涡轴 16 发动机滑油牌号分析说明

表 3-5（续）

条款	符合性文件名称
33.71	涡轴 16 发动机润滑系统污染分析说明
	涡轴 16 发动机第 33.71 条符合性说明
33.74	涡轴 16 发动机持续转动分析报告
	涡轴 16 发动机第 33.74 条符合性说明报告
33.75	涡轴 16 发动机安全分析摘要
	涡轴 16 发动机第 33.75 条符合性说明报告
33.91	涡轴 16 发动机附件环境试验符合性矩阵及说明报告
	涡轴 16 发动机安装和使用说明手册
	涡轴 16 发动机控制系统防火等级分析
	涡轴 16 发动机最大不平衡试验报告
	涡轴 16 发动机附件环境试验符合性矩阵及说明报告
	涡轴 16 发动机交流发电机鉴定分析报告
	涡轴 16 发动机 N_1 转速传感器鉴定分析报告
	涡轴 16 发动机 N_2 转速传感器鉴定分析报告
	涡轴 16 发动机扭矩传感器鉴定分析报告
	涡轴 16 发动机 T_1 温度探针鉴定分析报告（AUXITROL）
	涡轴 16 发动机 T_1 温度探针鉴定分析报告（THERMOCOAX）
	涡轴 16 发动机 T_{45} 热电偶鉴定分析报告
	涡轴 16 发动机 p_3 压力传感器鉴定分析报告（KULITE）
	涡轴 16 发动机 p_3 压力传感器鉴定分析报告（AUXITROL）
	涡轴 16 发动机电子控制器鉴定分析报告
	涡轴 16 发动机电缆鉴定分析报告
	涡轴 16 发动机高能点火装置鉴定分析报告
	涡轴 16 发动机燃滑油压力传感器鉴定分析报告（KULITE）
	涡轴 16 发动机燃滑油压力传感器鉴定分析报告（AUXITROL）
	涡轴 16 发动机燃滑油压力和温度传感器鉴定分析报告（KULITE）
	涡轴 16 发动机燃滑油压力和温度传感器鉴定分析报告（AUXITROL）
	涡轴 16 发动机点火电缆鉴定分析报告
	涡轴 16 发动机点火电嘴鉴定分析报告
	涡轴 16 发动机燃滑油散热器组件鉴定分析报告
	涡轴 16 发动机放油阀鉴定分析报告
	涡轴 16 发动机滑油滤芯鉴定分析报告
	涡轴 16 发动机滑油泵组件鉴定分析报告
	涡轴 16 发动机燃油计量装置鉴定分析报告
	涡轴 16 发动机燃油滤旁通阀及堵塞指示器鉴定分析报告

表 3-5 （续）

条款	符合性文件名称
33.91	涡轴16发动机燃油阀组件鉴定分析报告
	涡轴16发动机燃油泵组件鉴定分析报告
	涡轴16发动机燃油滤芯鉴定分析报告
	涡轴16发动机磁性屑末检测信号器鉴定分析报告
	涡轴16发动机滑油滤网鉴定分析报告
	涡轴16发动机33.91条符合性说明报告

涡轴16发动机系统专业相关条款关闭状态如表3-6。

表 3-6　涡轴16发动机系统专业相关条款关闭信息

条款号	条款名称	关闭状态
33.21	发动机冷却	已关闭
33.25	附件连接装置	已关闭
33.28	发动机控制系统	已关闭
33.29	仪表连接	已关闭
33.66	引气系统	已关闭
33.67	燃油系统	已关闭
33.69	点火系统	已关闭
33.71	滑油系统	已关闭
33.74	持续转动	已关闭
33.75	安全分析	已关闭
33.91	发动机系统和部件试验	已关闭

3.1　空气系统审定

3.1.1　概述

涡轴16发动机空气系统审定计划主要针对CCAR-33-R2中第33.21条发动机冷却和第33.66条引气系统的符合性验证工作计划进行说明，适用于涡轴16发动机内部冷却与封严系统、外部冷却系统、滑油冷却系统、引气系统的符合性验证工作和有关研制活动。

3.1.2　验证对象

涡轴16发动机的冷却包括内部冷却、滑油冷却和外部机匣及附件冷却。

内部冷却主要包括压气机前轴承腔封严系统，燃气涡轮导向器、外环冷却系统，燃气涡轮盘前端面封严与冷却系统，燃气涡轮盘心与盘后冷却、涡轮级间轴承封严、动力涡轮封严与冷却系统，动力涡轮叶尖间隙被控制系统。

滑油冷却主要是采用位于滑油泵后供油路上的燃滑油散热器对滑油进行冷却，另外利用滑油压力/温度传感器对油滤组件后的滑油温度进行实时监测。

外部机匣和附件冷却是由于发动机的附件会产生大量的热，发动机内部热也会通过机匣传到短舱导致温度升高，因此需要通过短舱设计对外部机匣和附件进行冷却。在短舱侧面开有进气口，大气中的冷气经由进气口直接对机匣和附件进行冷却，但是这部分的冷却设计由飞机方负责研制与验证。

在发动机的第二级离心压气出口左侧和右侧各有一个 p_3 引气口用于引气，飞行状态下，引气系统只从一个引气口进行引气，左发从左侧引气口引气，右发从右侧引气口引气。涡轴 16 发动机不进行防冰引气，没有设置指示发动机防冰引气功能的装置。

3.1.3　符合性方法

空气系统审定计划涉及 33.21 条和 33.66 条。

3.1.3.1　33.21 条的符合性验证思路

33.21 条的符合性验证思路采用声明、设计说明、计算分析、部件试验、整机试验来表明对内部冷却与封严系统、滑油冷却系统和外部冷却系统的符合性验证工作。

声明：在发动机安装和使用手册中声明滑油和外部附件的最大温度限制值，由飞机方进行外部附件的通风冷却设计，保证外部附件工作在最大温度限制值内。

设计说明：根据涡轴 16 发动机设计规范，梳理或分解得到与空气系统内部冷却与封严系统、滑油冷却系统和外部冷却系统有关的设计需求，针对设计需求，明确冷却系统的设计思路。

计算分析：采用经试验验证的计算方法，计算分析表明内部冷却系统给热端部件提供了必要的冷却，确保热端部件温度在限制要求内。具体验证思路包括内部系统及传热计算方法说明；开展典型状态热端部件的示温漆试验，进行试验结果分析校准内部系统及传热计算方法；用校准的方法对发动机内部冷却系统及传热进行计算；将计算结果用于结构组的应力分析，证实在发动机预定的工作条件下内部热端部件的温度不会高于应力分析中使用的温度载荷。通过超温试验的类比分析验证内部冷却相关的热端部件在超温状态下得到必要的冷却。通过高空台试验类比分析验证全包线范围内滑油温度不超出限制，表明滑油冷却的合理性。

部件试验：通过系统和部件试验，确定外部附件正常工作的温度限制值。

整机试验：通过持久试验验证内部冷却相关的热端部件在极限状态下的结构完整性，验证滑油在最高温度下发动机能正常工作。通过加速任务试验的检查结果表明内部冷却和滑油冷却在翻修周期（TBO）内能够正常工作。

3.1.3.2　33.66 条的符合性验证思路

第 33.66 条的符合性验证思路采用设计说明、安全性分析、整机试验来表明对引气系统的符合性验证工作。

设计说明：根据涡轴 16 发动机引气系统设计技术要求，针对总体提出的用户引气量限制要求，完成引气系统的引气位置和引气口结构设计以及防冰引气的设计说明。

安全性分析：进行引气系统安全性分析，表明由于引气系统失效导致危害性发动机后果的失效率不超过极小可能的概率。通过高空台试验类比分析验证最大引气量对发动机加速性的影响，具体思路为在高空台试验时，当功率杆在不超过 1s 内从最小位置推到最大位置时，采用最大引气，对试验结果进行分析，表明发动机加速过程中采用最大引气量，不会导致发动机超温、喘振、失速或其他有害影响。

整机试验：通过持久试验验证安装和使用说明手册中明确的最大引气量对发动机性能的影响，具体思路为在持久试验 1/5 的运转期间使用安装和使用说明手册中声明的供直升机使用的最大引气量，对试验结果进行分析，表明最大引气量不会对发动机产生除功率降低外的不利影响。

3.1.4　符合性验证活动

按照空气系统审定计划，需要对申请人提交的符合性验证活动及相应的符合性报告进行审查、批准或认可。表明空气系统审定计划的符合性验证活动包括设计说明类、分析类和试验类。

3.1.4.1　设计说明类

涡轴 16 发动机空气系统审定计划符合性验证项目说明类包括涡轴 16 发动机冷却系统说明、热端部件热分析方法试验验证说明，以及附件、滑油和机匣温度限制值说明。

（1）涡轴 16 发动机冷却系统说明

申请人对涡轴 16 发动机冷却系统流路进行了详细设计说明，主要结论如下：涡轴 16 发动机冷却系统包括内部冷却与封严系统、滑油冷却系统以及外部冷却系统，其中内部冷却与封严系统主要包括前轴承封严和低压离心叶轮背冷却系统、高压离心叶轮背和燃气涡轮前冷却系统、燃气涡轮盘后冷却、轴承腔封严和动力涡轮冷却系统、燃气涡轮外环冷却和燃气涡轮导向叶片冷却系统、动力涡轮外环冷却系统。表明了空气系统及其部件和附件的设计要点、后续验证考核工作的设计需求分析的符合性。

（2）热端部件热分析方法试验验证说明

申请人梳理了涡轴 16 发动机热端部件热分析方法试验验证的工作内容，主要基于相似机型发动机的示温漆试验，分析和校准了热端部件热分析方法，表明了热端部件热分析方法的符合性。

（3）滑油、附件和机匣温度限制值说明

申请人对涡轴 16 发动机对滑油、附件和涡轮机匣的最高限制温度进行了说明，明确了直升机方需进行相应的短舱冷却设计，以保证外部滑油、附件和涡轮机匣工作在最大限制值以内，表明外部冷却系统和滑油冷却系统的符合性。

3.1.4.2　分析类

涡轴 16 发动机空气系统审定计划符合性验证项目分析类包括热端部件热分析、内部冷却与封严系统安全性分析、附件温度限制值鉴定分析、引气成分分析和引气系统安全性分析、30s OEI 超温试验分析、连续 OEI 超温试验分析、高空台试验分析。

（1）热端部件热分析

申请人对涡轴 16 发动机热端部件热分析符合性验证的工作内容进行了说明和分析，主要结论如下：采用 FLUENT 和 ANSYS 软件对涡轮叶片、涡轮盘、涡轮机匣进行温度场计算，以获取在发动机各状态下的温度场；采用 ANSYS 软件对辅助安装节进行温度场计算，以获取辅助安装节在发动机各状态下的温度场。

涡轮叶片、涡轮盘计算分析验证了内部冷却与封严系统的冷却流路和结构设计的合理性，验证了内部冷却系统和封严系统给热端部件提供了必要的冷却，热端部件温度在限制要求内。

机匣和辅助安装节热分析得到了机匣和辅助安装节的最高工作温度。机匣的热分析结果通过环境鉴定试验进行验证，辅助安装节热分析结果用于强度评估，分别验证在最高工作温度下机匣和辅助安装节能够正常工作。

（2）内部冷却与封严系统安全性分析

内部冷却系统安全性分析主要用于表明在外物入侵、篦齿封严磨损、引气管路断裂等三种情况下，发动机热端部件不会出现轮盘破裂的危险情况。

根据供应商提供的报告对三种失效模式进行安全性分析。冷却系统失效分析表明：外物（沙尘）的入侵情况下，不会影响到动力涡轮盘和高压离心叶轮的温度，并且至少在一个大修期间，燃气涡轮盘是具有足够机械强度的；篦齿封严摩擦涂层耗损不会对发动机功能产生不利影响，动力涡轮一级盘至少在一个大修周期具有足够的机械强度；动力涡轮外部供气管路破裂不会对发动机的转子冷却系统运行造成不利影响，对转动部件无影响。

内部冷却与封严系统安全性分析验证了在检测到内部冷却与封严系统失效之前，内部冷却与封严系统失效不会给发动机带来危险性后果。

（3）附件温度限制值鉴定分析

根据各附件鉴定分析报告，涡轴 16 发动机各附件完成了温度限制值的环境鉴定试验验证、环境鉴定分析或类比分析。附件鉴定分析报告验证了在规定的各附件最高工作温度下，附件能够正常工作，并且在提供给直升机方的发动机安装和使用说明手册中明确了附件的最高工作温度，飞机方负责附件的冷却设计及验证。

（4）引气系统安全性分析

引气系统安全性分析用于表明出现非正常引气的发生概率满足安全性的要求。

申请人对引气系统进行安全性分析。根据发动机安全分析摘要，客舱用发动机引气中的有毒物质仅来源于燃油或滑油。"客舱用发动机引气中存在不可接受的有毒物质"能够导致"机组人员或乘客能力低下（重要发动机后果）"。申请人分析了涡轴 16 发动机可能影响客舱引气空气纯度的所有故障，验证了导致涡轴 16 发动机客舱引气空气中的有毒物质浓度达到"重要发动机后果"的故障概率低于 1×10^{-5}/飞行小时，满足安全性要求。

（5）30s OEI 超温试验分析

30s OEI 超温试验验证采用类比分析的方法进行，根据涡轴 16 发动机 30s OEI 超温试验类比分析的结果，涡轴 16 发动机能够在燃气温度限制值、N_1 最大转速、N_2 最大转速状态下正常工作，试验后热端部件技术状态良好，可继续运行，满足保持完整性的判据要求，验证了热端部件在 30s OEI 超温状态下得到了必要冷却。

（6）连续 OEI 超温试验分析

连续 OEI 超温试验验证采用类比分析的方法进行，根据涡轴 16 发动机连续 OEI 超温试验类比分析的结果，涡轴 16 发动机在燃气温度限制值、N_1 最大转速、N_2 最大转速状态下正常工作，试验后热端部件技术状态良好，可继续运行，满足保持完整性的判据要求，验证了热端部件在连续 OEI 超温状态下得到了必要冷却。

（7）高空台试验分析

高空台试验分析的方法验证用于表明第 33.73 条最大引气状态下，从最小功率到最大功率下，不会出现发动机超温、喘振、失速或其他有害影响的要求。根据涡轴 16 发动机高空台试验分析的结论可知，与涡轴 16 发动机构型基本一致的相似机型的发动机在高空台试验中完成了加速试验，该试验及其分析结果验证了涡轴 16 发动机在全工作包线内，不超过 1s 内从最小位置推到最大位置时，在航空器允许的最大引气和最大功率提取状态下，不会出现超温、喘振等有害因素。

3.1.4.3　试验类

涡轴 16 发动机空气系统审定计划符合性验证项目试验类包括加速任务试验、150h 持久试验。

（1）加速任务试验验证

采用 CCAR-33-R2 中第 33.90 条的加速试验的符合性方法，验证内部冷却与封严系统、滑油冷却系统在翻修间隔期（TBO）内能正常工作。根据涡轴 16 发动机加速任务试验后分解发动机，对热端部件进行全面检查，结果表明内部冷却与封严系统在翻修间隔期（TBO）内能正常工作，表明热端部件在一个翻修间隔期内得到了必要冷却。加速任务试验规定的滑油最高温度以及最大瞬态温度满足要求，试验后发动机分解检查结果验证了滑油系统在翻修间隔期（TBO）内能正常工作，表明滑油温度在不超出使用说明手册最大滑油温度限制值时，发动机能正常工作。

（2）150h 持久试验验证

采用 CCAR-33-R2 中第 33.87 条的持久试验的符合性方法，验证滑油冷却系统相关部件在各种额定功率状态下得到必要冷却，以及最大引气量对发动机性能无除发动机功率输出外的不利影响。根据涡轴 16 发动机 150h 持久试验的结果可知，150h 持久试验在平均温度超出使用说明手册规定的最大滑油温度限制值，试验后发动机分解检查表明，无任何不可接受的机械损伤。150h 持久试验验证了最大滑油温度限制值下，滑油能够正常工作，并且在提供给直升机方的发动机安装说明手册中明确了最大滑油温度限制值，表明滑油冷却系统设计合理性，滑油得到了必要的冷却。表明 33.21 条款的要求。

在涡轴 16 发动机 150h 持久试验中，完成了最大引气和最大功率提取条件下，从最小飞行慢车至 95% 起飞状态的加速试验，响应时间满足要求，加速过程中未出现导致发动机超温、喘振、失速或其他有害因素。持久试验过程中通过发动机 p_3 引气口进行引气，引起量为最大客舱引气，试验结果表明，对发动机未造成除功率输出降低外的不利影响。表明第 33.66 条的要求。

3.2　燃油系统审定

3.2.1　概述

涡轴 16 发动机燃油系统审定计划主要针对 CCAR-33-R2 中第 33.67 条燃油系统和第 33.7 条（c）款（2）燃油牌号或规格的符合性验证工作计划进行说明，适用于涡轴 16 发动机燃油系统及相关专业的符合性验证工作和有关研制活动。

3.2.2　验证对象

燃油系统是发动机的主要系统之一，承担燃油供应、燃油过滤、燃油控制、燃油计量、燃油分配和燃油喷射的功能。涡轴 16 发动机燃油系统主要由燃油泵组件、热交换器、燃油滤芯、旁通阀及堵塞指示器、燃油计量装置、燃油阀组件、燃油压力传感器（滤前）、燃油压力和温度传感器（滤后）、燃油喷嘴、外部管路及接头组成。

飞机油箱输送过来的燃油经低压泵增压后进入与滑油进行热交换的热交换器，加热后进入燃油滤过滤，燃油滤配有旁通阀及堵塞指示器，确保即使在燃油滤堵塞的情况下油路也不至于中断。在油滤前设置有压力传感器，在油滤后设置有燃油压力和温度传感器，这两个都连接到电子控制器，电子控制器 EECU 根据两个传感器采集的压力信号，用于向驾驶舱发送燃油压力低和燃油滤预堵塞报警信号；EECU 根据燃油压力和温度传感器采集的温度信号进行燃油流量修正。过滤后的燃油经燃油高压泵高进一步增压，高压泵后有个安全阀用以防止系统的压力过高。进一步增压的燃油进入燃油计量装置，燃油计量装置中的压差活门能够使油针前后的压差基本保持为一个定值，电子控制器发出的指令控制燃油计量装置中的步进电机驱动油针移动，以此来控制供给发动机所需的燃油。燃油计量装置中还设有燃油停车电磁阀，当有停车信号时，电磁阀将计量油针上游的燃油与燃油泵进口接通，停止向发动机供油。经过计量的燃油进入燃油阀组件，通过起动电磁阀、增压阀和优先阀向发动机分配燃油。

3.2.3　符合性方法

燃油系统审定计划涉及第 33.7 条（c）款（2）和第 33.67 条。

3.2.3.1　第 33.7 条（c）款（2）的符合性验证思路

第 33.7 条（c）款（2）的符合性验证思路采用声明和分析表明对燃油牌号的符合性验证工作。

声明：在发动机安装和使用手册以及型号合格证数据单中声明批准适用的燃油牌号标准和使用限制。

分析：对发动机安装使用手册中声明的燃油牌号进行分析说明，具体思路说明所选用的燃油符合国际或国内通用的燃油标准，通过实验室试验或其他方法表明试验用燃油与对应标准的符合性，结合燃油泵组件能力验证试验和发动机整机试验，包括持久试验、高空台试验，以及加速任务试验所用燃油与其他非验证燃油之间的燃油组成、挥发性、流动性和净热值特性进行对比，表明所选用燃油与涡轴16发动机之间的兼容性。

3.2.3.2 第33.67条的符合性验证思路

第33.67条的符合性验证思路采用声明、设计说明、分析、部件和系统试验和整机试验表明对燃油系统的符合性验证工作。

声明：在发动机安装和使用手册以及型号合格证数据单中声明燃油温度限制和压力限制。

设计说明：根据涡轴16发动机设计规范，梳理出与燃油系统有关的设计要求，包括结构布局、环境温度、高度限制和燃油过滤等要求，对燃油系统的可调装置进行设计说明，包括可调装置的清单和分类，不可再调整的燃油控制调节装置采用锁紧装置固定并进行了铅封，可调整的燃油控制调节装置需要给出调节功能的标记；对燃油滤设计说明，包括燃油滤或滤网的位置，燃油滤便于放泄和清洗，油滤或滤网相连的导管或接头具有足够的强度裕度，油滤旁通装置的构造。

分析：相似型号的燃油固体污染试验表明，在燃油被污染到工作中可能遇到的最大程度的颗粒尺寸和密度条件下，从燃油滤指示临近堵塞时算起，燃油系统至少要按装该型发动机的飞机最长持续飞行时间的一半继续正常运行；在试验考核通过后，还应继续在典型工作条件的转速、压力、流量下，继续运行足够长的时间；验证燃油滤指示装置能按预期提供报警指示；验证燃油旁通阀能按预期正常打开。通过与相似型号的燃油系统的结构相似性分析，表明基于相似型号的燃油系统固体污染试验的分析，可以满足涡轴16发动机燃油系统固体污染试验的符合性。

部件和系统试验：通过燃油泵组件鉴定试验表明其符合燃油泵技术规范中所规定的性能功能及使用环境要求，验证在安装手册中规定的最小燃油压力和最高燃油进口温度下以及全工作包线范围内，使用安装手册中规定的所有牌号的燃油，燃油泵组件工作稳定。通过涡轴16发动机燃油系统气阻试验，验证在安装手册中规定的最小燃油压力和最高燃油进口温度下以及全工作包线范围内，使用安装手册中规定的所有牌号的燃油，系统不会发生气阻。

整机试验：通过高空台试验验证燃油系统在预期的工作包线范围内能正常工作，验证燃油系统的燃油温度低至-10℃且未加防冰添加剂的情况下，发动机地面暖车和起飞后不会出现燃油滤结冰和燃油滤旁通开启的状况。通过持久试验验证燃油系统在发动机各额定功率条件下的耐久性，验证最高和最低燃油压力参数限制值的合理性，验证在燃油系统设置的油滤过滤条件下，燃油系统能正常工作。通过加速任务试验证实燃油系统在发动机翻修间隔期（TBO）内能正常工作。

3.2.4 符合性验证活动

按照燃油系统审定计划，需要对申请人提交的符合性验证活动及相应的符合性报告进行审查、批准或认可。表明燃油系统审定计划的符合性验证活动包括设计说明类，分析类和试验类。

3.2.4.1　设计说明类

申请人对燃油控制调节装置、燃油滤和燃油滤旁通阀的相关设计进行了说明，主要结论如下：

（1）涡轴 16 发动机燃油系统对不可再调节燃油控制调节装置均用锁紧装置固定并且进行了铅封；系统无可再调节的燃油控制调节装置，表明了 33.67 条（a）中关于燃油控制调节装置要求的符合性。

（2）涡轴 16 发动机燃油系统在发动机进口与高压泵之间，设置了燃油滤芯；过滤介质为玻璃纤维，过滤比：$\beta_{20}>200$；燃油滤芯安装在一个开口向上的机匣孔内，其重量不由与其相连的导管或接头支撑；燃油滤芯便于放泄和拆卸，并设计了放油装置；燃油滤旁通阀及堵塞指示器与燃油滤芯油路的设计保证燃油滤芯及燃油滤机匣内腔积聚的污物不会进入旁路油路，表明了第 33.67 条（b）款（1）、（2）、（3）、（4）和（6）中关于燃油滤和燃油滤旁通阀要求的符合性。

3.2.4.2　分析类

涡轴 16 发动机燃油系统审定计划符合性验证项目分析类，包括燃油系统固体污染试验分析、高空台试验分析和燃油牌号分析。

（1）燃油系统固体污染试验分析

审查组与申请人就燃油系统固体污染试验的符合性方法在 2012 年未达成一致，审查组形成了燃油系统固体污染的符合性方法的问题纪要。随后，申请人确定采用分析的方法代替燃油系统固体污染试验。审查组形成了关于涡轴 16 发动机通过分析代替燃油系统固体污染试验的问题纪要。申请人基于相似机型的燃油系统固体污染试验，分析了涡轴 16 发动机与相似机型燃油系统相关的构型差异、试验情况、试验结果等。燃油系统固体污染持久试验，验证了通过燃油滤芯的外来颗粒不会损害发动机燃油系统的功能；燃油滤部件固体污染试验，验证了燃油被污染到工作中可能遇到的最大程度颗粒尺寸和密度时，过滤装置具有保证发动机在燃油滤预堵塞指示时刻起，发动机至少能完成最长持续飞行时间一半时间（3h）的运行。

审查过程中，梳理了需供应商支持的内容，包括燃油系统污染试验中如何验证地面维护级、飞行告警级预堵塞指示的告警等级、零件关键特性（CCMD）及其差异、燃油阀组件构型差异、压力传感器、压力/温度传感器、燃滑油散热器的燃油固体污染符合性相关内容，燃油系统固体污染试验大纲和试验报告相关内容。审查组与供应商确认了相关内容。

经分析，相似机型燃油系统固体污染试验的结果也适用于涡轴 16 发动机燃油系统，表明了涡轴 16 发动机符合第 33.67 条（b）款（4）（i）和（b）款（5）对燃油固体污染的要求。

（2）高空台试验分析

基于相似机型发动机高空台试验，验证燃油系统在预期的工作包线范围内能正常工作，验证燃油系统在预期的起动/再起动包线范围内能正常工作以及不同牌号的燃油对发动机低温起动特性的影响。通过对比分析，表明相似机型高空台起动试验的结果也适用于涡轴16发动机，支撑表明了涡轴16发动机对第33.67条（a）款"在按申请人规定的流量和压力对发动机供给燃油的情况下，该发动机必须在本规定规定的各种工作状态下都能正常地工作"的符合性。

基于相似机型发动机温度特性试验和燃油滤结冰试验分析的方法，验证燃油系统带有燃油加热器（即热交换器），当燃油温度低至-10℃且未加防冰添加剂的情况下，发动机地面暖车和起飞后不会出现燃油滤结冰和燃油滤旁通开启的状况。通过对比分析，表明相似机型发动机燃油结冰试验的结果同样适用于涡轴16发动机，在安装手册中规定的燃油进口温度，按照功率加载限制和暖机标准起动发动机，不会发生由于燃油结冰导致油滤堵塞，使发动机意外停车。因此燃油系统能在发动机燃油进口温度为-10℃燃油结冰条件下正常工作，支撑表明了涡轴16发动机对第33.67条（b）款（4）（ii）的符合性。

（3）燃油牌号分析

申请人通过分析的方法对燃油牌号与涡轴16发动机的适用性进行了相似的说明，主要结论如下：

基于高空台试验分析、150h持久试验、AMT试验、燃油泵组件能力验证试验以及气阻试验，分析验证了使用安装手册中声明的所有燃油牌号在声明的燃油进口温度、燃油进口压力、所有高度和所有工作状态下，发动机都能正常工作。支撑表明了涡轴16发动机对第33.67条（a）款"在按申请人规定的流量和压力对发动机供给燃油的情况下，该发动机必须在本规定规定的各种工作状态下都能正常地工作"的符合性。

对安装手册中声明的所有燃油中与发动机性能相关且有差异的性能指标（组成、挥发性、流动性、燃烧性）进行了试验验证或分析，表明这些差异的指标均能适用于涡轴16发动机。审查过程中，梳理了需供应商支持的内容，包括燃油在发动机上批准使用的流程/规范、JP5（FSII）燃油标准DCSEA 144D的适用性验证和分析、燃油实验室性能验证情况、燃油在其他相似发动机上的使用验证情况。2019年6月，审查组向供应商确认了相关内容。另外对同一牌号不同标准的性能参数（总酸值、硫醇性硫、总硫含量、20%馏出温度、20℃黏度、颗粒污染、水反应）进行了对比分析，通过分析表明同一牌号不同标准的性能参数均适用于涡轴16发动机。表明了涡轴16发动机对第33.7条（c）款（2）的符合性。

3.2.4.3 试验类

涡轴16发动机燃油系统审定计划符合性验证项目试验类包括150h持久试验和加速任务试验（AMT）。

（1）150h持久试验验证

采用第33.87条中的150h持久试验的符合性方法，试验结果表明发动机在安装手册中规定的最高燃油进口压力和最低燃油进口压力下能正常工作，以及发动机在各种工作状态下能正常工作，支撑表明了涡轴16发动机对第33.67条（a）款"在按申请

人规定的流量和压力对发动机供给燃油的情况下，该发动机必须在本规定规定的各种工作状态下都能正常地工作"的符合性。

（2）加速任务试验验证

采用第33.90条中加速任务试验的符合性方法，试验结果表明燃油系统在发动机翻修间隔期（TBO）内能正常工作，支撑表明了涡轴16发动机对第33.67（a）款"在按申请人规定的流量和压力对发动机供给燃油的情况下，该发动机必须在本规定规定的各种工作状态下都能正常地工作"的符合性。

3.3 滑油系统审定

3.3.1 概述

涡轴16发动机润滑系统审定计划主要针对CCAR-33-R2中第33.71条滑油系统和第33.7条（c）款（3）"滑油牌号或规格"的符合性验证工作计划进行说明，适用于涡轴16发动机润滑系统及相关专业的符合性验证工作和有关研制活动。

3.3.2 验证对象

润滑系统是发动机的主要系统之一，其主要功能是为发动机摩擦副（齿轮、轴承）提供滑油用于润滑和冷却，包括：供油、回油、滑油冷却、通风、工作状态监控。润滑系统为独立式循环润滑系统，所有的润滑系统部件及附均属于发动机构型，由供油系统、回油系统和通风系统等组成。

这里的部件主要是指属于发动机本体的零部件，包括滑油箱、热交换器、离心通风器、滑油粗滤网和滑油管路及喷嘴。附件是指润滑系统中的单独设备，润滑系统中的单独设备，有专门的技术规范，由附件供应商根据技术规范进行研制，这些附件通常安装在发动机机匣外侧，也有一些可能安装在发动机内部，包括滑油泵组件、滑油滤芯、滑油滤旁通阀、磁性屑末检测信号器、滑油压力传感器、滑油压力/温度传感器、燃滑油散热器组件和放油阀。

供油系统：采用全流量供油方式。增压泵从滑油箱内抽吸滑油，经过燃油散热器组件后流经热交换器和滑油滤芯后供往前轴承腔的齿轮、轴承、花键和后轴承腔的轴承。

回油系统：共两个轴承腔，一个为前轴承腔，一个为后轴承腔。后轴承腔回油泵将后轴承腔的滑油空气混合物抽回至前轴承腔，前轴承腔回油泵将汇合在前轴承腔内的滑油空气混合物抽回至滑油箱。

通风系统：后轴承腔通过内部通道和前轴承腔相通，附件齿轮机匣通过内部通道与前轴承腔相通。油气经过集成在附件传动齿轮上的油气分离器，其中绝大部分滑油被分离出来后，空气通过外部通风管排往发动机尾喷管。

3.3.3 符合性方法

润滑系统审定计划涉及第33.7条（c）款（3）和第33.71条。

（1）第33.7条（c）款（3）的符合性验证思路

第33.7条（c）款（3）的符合性验证思路采用声明和分析表明对滑油牌号的符合性验证工作。

声明：在发动机安装和使用手册以及型号合格证数据单中声明批准适用的滑油牌号标准和使用限制。

分析：对发动机安装使用手册中声明的滑油牌号进行分析说明，具体思路说明所选用的滑油符合国际或国内的对应标准，通过实验室试验或其他方法表明试验用滑油与对应标准的符合性，结合在涡轴16发动机整试验（滑油中断、150h持久试验、加速任务试验等）和涡轴16发动机相似机型的高空台试验中，根据考核的目的、滑油温度及环境等，针对性地使用不同黏度等级和闪点的滑油进行了考核验证。对比分析其他滑油牌号与验证滑油之间的差异关系，表明所有声明的滑油与涡轴16发动机之间的兼容性。

（2）第33.71条的符合性验证思路

第33.71条的符合性验证思路采用声明、设计说明、分析、部件和系统试验和整机试验表明对燃油系统的符合性验证工作。

声明：在发动机安装使用手册、型号合格证数据单中将声明如下润滑系统的使用及参数限制：飞行姿态包线；滑油中断时间及最小允许间隔时限制；滑油最低/最高压力限制；滑油最低/最高温度限制；滑油消耗量限制。

设计说明：根据涡轴16发动机设计规范，梳理出与润滑系统有关的设计要求，说明说明润滑系统整体设计架构、工作原理、功能及组成等；说明润滑系统的滑油滤网和设置情况、类型及过滤精度；说明滑油滤预堵塞指示器的设置情况；

说明滑油滤旁通阀的设计与构造，表明使积聚的污物逸出最少，以确保不致进入旁通油路；说明每个滤网的拆卸、安装程序，表明其放泄和清洗的便利性；说明滑油箱的容积和膨胀空间，表明其膨胀空间不小于滑油箱容量的10%；说明滑油箱加油口盖及观察刻度的设计，表明不会因为疏忽而注满膨胀空间的可能性；说明加油接口的设计不会存留一定数量的滑油；说明滑油箱盖的结构和密封性，且可有效防止滑油箱盖的错误安装；说明滑油箱加口盖上标注的字样情况；说明滑油箱的结构设计（风口置及位布等）；说明滑油箱加油口盖及回泵前的滤网设置及流路通道尺寸等情况；通过对可能存在滑油泄漏或溢出的部位及滑油排漏口等进行分析说明，以表明不会造成漏出或溢出的滑油积聚；说明发动机滑油放油装置的设置情况。

分析：对涡轴16发动机润滑系统的污染进行分析，通过设置发动机润滑系统精细油滤和粗滤网，结合润滑系统中滑油过滤装置的设计说明、滑油系统相关附件流体污染验证情况、150h持久试验、加速任务试验、润滑系统的监控、维护要求等，表明通过规定的过滤装置的外来颗粒将不会损害发动机滑油系统的功能。通过对涡轴16相似机型的高空台试验的分析，验证润滑系统在安装和使用说明手册中声明的所有飞行和起动大气条件下具有良好的工作特性、系统参数在规定的限制值范围内，并验证了在最低滑油温度限制下，滑油系统能够正常工作，在包线内的所有情况下，都不超过声明的最高滑油压力限制。

部件和系统试验：通过滑油箱压力试验，对增加滑油箱进行耐受压力和爆破压力试验，验证耐受压力试验滑油箱不出现目视可见的变形或漏油；爆破压力试验滑油箱不出现裂痕。通过滑油箱防火试验，验证在试验过程中和试验结束后，没有滑油泄漏，试验件没有熔化、裂纹、掉块等现象，试验结束后没有复燃现象和其他危害性影响，表明滑油箱满足防火要求。通过滑油滤芯的纳污试验，验证滑油滤芯的纳污能力。

整机试验：进行姿态试验，对预先给定的发动机起停姿态角和飞行姿态角进行验证，试验过程中无滑油限制超限、无滑油泄漏的现象，表明发动机滑油系统在发动机连续工作姿态条件下能正常工作。进行滑油中断试验，对预先给定的滑油最大中断时间和两个中断最小允许间隔时间进行验证，试验过程中不出现滑油限制超限，试验结束后的分解检查没有明显的机械损伤，并且在最小允许间隔时间滑油压力可以恢复。通过150h持久试验，验证润滑系统在极限工作参数，特别是允许的最高滑油温度和最小滑油压力的条件下滑油系统能正常工作。通过加速任务试验，验证发动机润滑系统在翻修间隔期（TBO）内能正常工作。

3.3.4 符合性验证活动

按照润滑系统审定计划，需要对申请人提交的符合性验证活动及相应的符合性报告进行审查、批准或认可。表明润滑系统审定计划的符合性验证活动包括设计说明类，分析类和试验类。

3.3.4.1 设计说明类

申请人对涡轴16发动机润滑系统设计进行了分析说明，审查过程中，梳理出需供应商支持的内容"滑油滤预堵塞报警值和滑油压力低报警值"。2019年6月，审查组确认了需供应商支持的这项内容，申请人根据审查的情况完善了相应的符合性工作，对滑油滤和滑油滤网、滑油滤旁通阀、滑油箱及放油阀的相关设计进行了分析说明，主要结论如下：

（1）涡轴16发动机润滑系统在总供油路上，有一个20μm的滑油滤芯，安装在油滤组件中，油滤组件位于滑油泵之后，发动机润滑部位之前，在滑油循环中，发动机所有的滑油均会流经该油滤，起到保护润滑系统的作用。满足第33.71条（b）款中"必须有一个供发动机所有滑油通过的滤网或油滤"的要求。

（2）涡轴16发动机润滑系统设置了一个20μm的精细油滤、三个800μm的粗滤网，满足第33.71条（b）款中"必须规定为防止滑油中外来颗粒进入发动机润滑系统所必需的滑油滤类型和过滤度"的要求。

（3）涡轴16发动机通过滑油压力监控和磁性屑末监控，进行滑油滤预堵塞报警或磁性屑末检测信号器报警，满足第33.71条（b）款中"除了滑油箱出口的滤网或油滤，对于本款要求的每个滤网或油滤，必须具有在污染达到本条（b）款（3）规定的容量之前能予以指示的装置"的要求。

（4）涡轴16发动机滑油滤旁通阀入口位置及结构设计为，当滑油滤旁通阀打开时，在滑油滤上聚集的污染物不会通过旁通油路进入润滑系统的下游。满足第33.71

条（b）款中"任何油滤旁路装置的设计与构造，必须通过其适当设置使积聚的污物逸出最少，以确保积聚的污物不致进入旁通油路"的要求。

（5）涡轴16发动机除了滑油箱出口或回油泵的滤网或油滤外，剩下的滑油滤有旁通阀，且具有滑油滤预堵塞报警装置。满足第33.71条（b）款中"除了滑油箱出口或回油泵的滤网或油滤外，本款规定的没有旁路的每个滤网或油滤，必须具有一报警器连接装置，以便在滤网的污染达到本条（b）款（3）确定的容量之前警告飞行员"的要求。

（6）涡轴16发动机的一个精细油滤、三个粗滤网均从结构和布局上保证了其便于放泄和清洗。满足第33.71条（b）款中"本款要求的每个滤网或油滤必须便于放泄和清洗"的要求。

（7）涡轴16发动机滑油箱的膨胀空间为25%。满足第33.71条（c）款（1）中"每个滑油箱必须具有不小于油箱容量10%的膨胀空间"的要求。

（8）涡轴16发动机滑油箱加油口盖安装位置的设置保证了加油时最大可能加油量为6.2L，如超过该加油量，滑油将从加油口盖溢出，从而避免膨胀空间的减小。满足第33.71条（c）款（2）中"必须避免因疏忽而注满滑油箱膨胀空间的可能性"的要求。

（9）涡轴16发动机滑油箱加油口盖没有凹型加油接头，加油口通过直管与滑油箱直接相连，无法存留一定数量的滑油。满足第33.71条（c）款（3）中"每个能存留一定数量滑油的凹形滑油箱加油接头，必须具有安装放油的装置"的要求。

（10）涡轴16发动机滑油箱加油口盖上有密封胶圈，滑油箱加油口盖设有锁紧装置，加油口盖通过结构设计和标识可预防加油口盖的错误安装和安装不到位，当加油口盖被正确锁紧时，可以防止加油口盖在飞行过程中打开。满足第33.71条（c）款（4）中"每个滑油箱盖必须有滑油密封件；对于申请在获得ETOPS批准的飞机上进行安装的发动机，滑油箱必须设计能防止因滑油箱盖的错误安装导致的危害性滑油损失"的要求。

（11）涡轴16发动机滑油箱加油口盖标注了"OIL"字样。"OIL"为"滑油"的英文字样，在发动机安装和使用说明手册、维护手册的相关章节中，已明确"OIL"为"滑油"，可以使发动机维护人员正确识别滑油箱加油口盖。满足第33.71条（c）款（5）中"每个滑油箱加油口应标上'滑油'字样"的要求。

（12）涡轴16发动机滑油箱顶部有两个通气孔通往前轴承腔，这两个孔为水平方向的直通孔，中间没有凹槽等能积聚冷凝水或滑油的部位。满足第33.71条（c）款（6）中"每个滑油箱必须在膨胀空间的顶部通气，通气口的布置应使可能冻结并阻塞管道的冷凝水蒸气不能在任何部位积聚"的要求。

（13）涡轴16发动机滑油箱加油口处布置有一个800μm的加油滤网，可以防止加油时将妨碍滑油流动的物体带入滑油箱。同时，在滑油泵的两个回油级进口前都布置有800μm的回油滤网，可以防止过大的颗粒物进入滑油泵和滑油箱。滑油箱底部设有一个放油阀。滑油箱底部的放油阀为自封阀，可防止外部物质进入。满足第33.71条（c）款（7）中"必须有防止任何可能防碍滑油在系统中流通的物体进入滑油箱或任何滑油箱出口的装置"的要求。

（14）涡轴 16 发动机滑油箱位于发动机底部，从油箱出来的滑油不会掉落在发动机上的其他零部件上，而滑油箱的外形无造成滑油积聚的凹形槽或平台。假如有滑油从滑油箱溢出或漏出，不会在油箱和其他发动机零部件上积聚。满足第 33.71 条（c）款（10）中"漏出或溢出的滑油不得在油箱和发动机其他零部件之间积聚"的要求。

（15）涡轴 16 发动机滑油箱左右两侧各设有一个油位指示器，油位指示器上设有最小加油量和最大加油量的刻度，可以通过该指示器来观察滑油箱中的液位情况。满足第 33.71 条（c）款（11）中"每个滑油箱必须有滑油量指示器或相应的装置"的要求。

3.3.4.2 分析类

涡轴 16 发动机润滑系统审定计划符合性验证项目分析类包括润滑系统污染分析、高空台试验分析和滑油牌号分析。其中高空台试验分析在第 33.89 条中提交。

（1）润滑系统污染分析

申请人对涡轴 16 发动机润滑系统污染进行了分析，审查过程中，梳理出需供应商支持的内容。申请人根据供应商提供的信息完善了相应的符合性工作。主要结论如下：

通过润滑系统中滑油过滤装置的设计说明，以及滑油滤旁通阀的开启压差试验、关闭压差试验及通过规定流量时的压降性能试验，验证了在滑油滤芯完全堵塞的情况下，滑油仍能以正常的流量供往发动机（流经系统的其余部分），表明涡轴 16 发动机润滑系统符合 CCAR-33-R2 中第 33.71 条（b）款（1）的要求。

滑油滤芯按 ISO 16889 完成了纳污容量的验证，验证了其纳污能力，表明涡轴 16 发动机润滑系统符合 CCAR-33-R2 中第 33.71 条（b）款（3）的要求。

涡轴 16 发动机润滑系统在滑油喷嘴前设置了细油滤，来自滑油箱的所有滑油先经过细油滤的过滤再到达被润滑部位。由于润滑系统为循环流动系统，进入滑油中的颗粒物在流动中被携带至该油滤处，大于该过滤精度的颗粒物被过滤掉，从而保证整个润滑系统的清洁度；同时在回油泵的进口均设置了油滤，来自轴承腔的滑油先经过过滤再进入滑油泵，保护滑油泵，在滑油箱加油口盖处设置了油滤，可预防在加油时外部过大的颗粒物进入滑油箱。在发动机安装和使用说明手册及维护手册中，对于出现润滑系统污染有关的告警（滑油滤预堵塞、磁性屑末）等均有相应的处理和维护措施。在发动机在 150h 试验中，润滑系统工作正常，发动机运行良好，滑油光谱分析未见明显的金属污染，试验后的分解检查，未发现不可接受的机械损伤；在加速任务试验加速任务试验中，润滑系统工作正常，发动机运行良好。这些试验中，除发动机润滑系统本身设置的滑油滤外，未额外安装其他过滤装置，未出现因为颗粒污染物而导致发动机润滑系统功能受到损坏的故障，验证了在发动机所设置的过滤装置的过滤保护下，外来颗粒不会损害发动机润滑系统的功能。同时，所有的滑油附件开展了流体污染验证，验证结果满足要求。综上所述，表明了涡轴 16 发动机润滑系统符合 CCAR-33-R2 中第 33.71 条（b）款（2）的要求。

（2）高空台试验分析

根据涡轴 16 发动机高空台试验分析的结果，表明润滑系统在包线内正常工作的符合性。相关的主要结论如下：

涡轴16发动机完成了除低温起动试验外的所有飞行包线内所有稳态和瞬态试验点，试验结果表明，除低温起动外，在涡轴16发动机安装和使用说明手册中规定的其他工作包线和发动机功率等级下，最大滑油温度没有超过限制值，滑油压力没有低于最小限制值，发动机可正常工作。

通过相似机型的发动机高空台试验，以及涡轴16与相似机型的相似对比，表明在采用涡轴16发动机安装和使用说明手册中声明的润滑油，在其规定的低温和高度包线范围内，润滑系统压力没有超过最高或最小限制，发动机可正常工作。可为涡轴16发动机符合第33.71条（a）款中"滑油系统在预期的大气条件下能正常工作"的要求提供支撑。

（3）滑油牌号分析

申请人对涡轴16发动机滑油牌号与发动机的适用性进行了分析说明，审查过程中，梳理了该报告中需供应商支持的内容。申请人根据供应商提供的信息完善相应的符合性工作，主要结论如下：

涡轴16发动机所选用的滑油牌号均符合国际上认可的滑油标准，为成熟的滑油品牌。其中，一些润滑油在涡轴16发动机进行了验证，其他的滑油牌号在相似发动机上得到了验证，涡轴16发动机整机试验（滑油中断试验、150h持久试验、加速任务试验等）和相似机型的发动机高空台试验中，根据考核的目的、滑油温度及环境温度等，针对性地使用不同黏度等级和闪点的滑油进行了考核验证。其他滑油牌号与验证滑油进行了特性对比，分析结果表明，采用安装和使用说明手册中所规定的滑油牌号，在发动机工作包线范围内，润滑系统的压力和温度均不超过其声明的限制值，发动机可正常工作。可为涡轴16发动机符合第33.7条（c）款（3）、第33.71条（a）款的要求提供支撑。

3.3.4.3　试验类

涡轴16发动机润滑系统审定计划符合性验证项目试验类包括滑油箱压力试验、滑油箱防火试验、油滤组件防火试验、滑油管路防火试验等部件试验，以及发动机滑油姿态试验、发动机滑油中断试验、发动机150h试验、发动机加速任务试验等整机试验。其中，滑油箱压力试验在第33.64条中提交；滑油箱防火试验、油滤组件防火试验、滑油管路防火试验等在第33.17条中提交；发动机150h试验在第33.87条中提交；发动机加速任务试验在第33.90条中提交。

（1）滑油箱压力试验

第33.64条中完成了涡轴16发动机滑油箱压力试验。主要结论如下：

耐受压力试验，通过试验过程中的录像监测、试验后的目视检查，表明滑油箱未出现目视可见的变形或漏油，满足要求；爆破压力试验，通过试验过程中的录像监测、试验后的目视检查和荧光检查，表明滑油箱未出现破裂、爆破，满足要求。

试验结果表明涡轴16发动机滑油箱压力试验可为涡轴16发动机符合第33.71条（c）款的要求提供支撑。

（2）滑油箱防火试验

第 33.17 条中完成了涡轴 16 发动机滑油箱防火试验。主要结论如下：

滑油箱通过了 ISO 2699 规定的 15min 防火试验，试验过程中和试验结束后 15min 内，未观察到的滑油泄漏，未发现火焰扩展，试验结束后试验件未发生熔化、裂纹、掉块等现象，试验件上没有残余火苗，且无复燃现象，试验过程没有产生其他危害性条件，满足试验大纲要求。可为涡轴 16 发动机符合第 33.71 条（c）款（8）的要求提供支撑。

（3）油滤组件防火试验

第 33.17 条中完成了涡轴 16 发动机油滤组件防火试验。主要结论如下：

油滤组件通过了 ISO 2699 规定的 15min 防火试验，试验过程中和试验结束后 15min 内，未观察到的滑油和燃油泄漏，未发现火焰扩展，试验结束后试验件未发生熔化、裂纹、掉块等现象，试验件上没有残余火苗，且无复燃现象，试验过程没有产生其他危害性条件，满足试验大纲要求。可为涡轴 16 发动机符合第 33.71 条（c）款（8）的要求提供支撑。

（4）发动机姿态试验

申请人依据审查组批准的试验大纲，以及制造符合性检查后签发的适航批准标签，在湖南株洲完成了姿态试验，审查组进行了现场目击。在试验过程中，审查组观察到了在进行上仰起停姿态试验时，停车静置过程中，从发动机机尾喷管处观察到了少量的滑油泄漏现象，在试验观察问题记录单上进行了记录，并和申请人交换了意见。针对上仰起停试验姿态角的调整，申请人修订了试验大纲并获得审查组批准。主要结论如下：

在整个姿态试验过程中，润滑系统增压泵中未出现吸入空气造成发动机滑油压力低报警情况，满足要求；分解检查发动机配套轴承、齿轮，无滑油油泥或结焦物的附着，未出现明显的机械损伤，满足要求；发动机在下俯的起停姿态试验时，轴承区域未出现外部的滑油泄漏情况，满足要求；发动机在上仰起停姿态试验时，在停车静置后出现了最大约少量外部滑油泄漏，未能满足试验大纲要求；针对该外部泄漏，以在起停姿态任何阶段（包括静置）不发生滑油外部泄漏为目标，对发动机起停姿态上仰角进行了计算分析，考虑到后轴承腔可容纳滑油量的计算误差、试验时尾喷管壁面等位置会残留一定量的滑油等因素，预留了一定裕度。得出满足要求的发动机姿态限制角。

涡轴 16 发动机安装和使用手册中的起停上仰姿态按照该调整值进行声明。

（5）发动机中断试验

滑油中断试验原计划开展时，当时发动机的技术状态基线尚不能确定，提交给审查组的滑油中断试验大纲存在不能完全符合条款的问题，审查组当时未能批准技术状态基线和试验大纲，针对该问题，形成了关于涡轴 16 发动机滑油中断试验制造符合性检查和试验目击的问题纪要。审查组最终于在构型基线批准后，批准了涡轴 16 发动机滑油中断试验大纲。申请人按照批准的试验大纲，完成了滑油中断试验，审查组进行了现场目击。审查组确认滑油中断试验的问题纪要中规定的相关工作均已完成，该问题纪要关闭。滑油中断试验的主要结论如下：

涡轴 16 发动机滑油中断试验采用安装和使用说明手册中规定的两种黏度等级的滑油各进行了一次中断试验程序。滑油中断时，发动机滑油进口温度高于滑油进口最大限制温度，发动机运行状态高于连续 OEI 状态。试验后分解检查发动机附件齿轮箱与燃气发生器单元体的所有轴承和齿轮状态良好，未发现被检查部件因滑油中断试验产生明显的机械损伤。验证了发动机安装和使用手册中声明的最长滑油中断时间不会对发动机造成损伤，以及两次滑油中断最小间隔时间足够使发动机润滑系统压力恢复。表明涡轴 16 发动机润滑系统在安装和使用说明手册中声明的瞬态姿态、负载荷及时间限制的条件下，如发生滑油中断，仍具有良好的工作性能。试验结果可为涡轴 16 发动机符合第 33.71 条（a）款关于飞行姿态中瞬时姿态的要求提供支撑。

（6）发动机 150h 试验

33.87 条中完成了涡轴 16 发动机 150h 试验。润滑系统相关的主要结论如下：

150h 试验中在第 22 阶段，进行了最小滑油压力的考核，在第 5 阶段，进行了最大滑油压力的考核，在除第 5 阶段外的其他阶段，进行了最高滑油温度的考核。在 150h 持久试验中，发动机运行正常，试验后的分解检查，表明发动机没有不可接受的机械损伤，满足要求。验证了涡轴 16 发动机润滑系统在系统极限工作参数条件下能正常工作，特别是允许的最高滑油温度和最小滑油压力条件下能正常工作，可为涡轴 16 发动机符合第 33.71 条（a）款中"每一润滑系统在航空器预期使用的大气条件下，必须能正常地工作"的要求提供支撑。

（7）发动机加速任务试验

第 33.90 条中完成了涡轴 16 发动机加速任务试验。润滑系统相关的主要结论如下：

加速任务试验中，滑油系统参数在规定的范围内，滑油光谱分析结果正常，验证了润滑系统在发动机翻修间隔期（TBO）内能正常工作。整个试验中，滑油消耗量满足安装和使用说明书中规定的限制值。可以为涡轴 16 发动机符合第 33.71 条（a）款的要求提供支撑。

3.4　点火系统审定

3.4.1　概述

涡轴 16 发动机点火系统审定计划主要是对 CCAR-33-R2 中第 33.69 条"点火系统"的符合性验证工作计划进行说明，适用于涡轴 16 发动机点火系统及相关专业的符合性验证工作和有关研制活动。

3.4.2　验证对象

涡轴 16 发动机点火系统由一个双路输出的高能装置，两条点火电缆和两个低压发点火电嘴组成。点火装置安装在发动机前端，点火电嘴安装在燃烧室中，点火电缆连接点火装置和点火电嘴。

发动机起动时，电子控制器通过起动继电器，起动发电机带转燃气发生器转子和附件齿轮箱运转。同时，开启点火继电器，接通点火装置的电源，以及关闭双稳态发动机停车电磁阀。

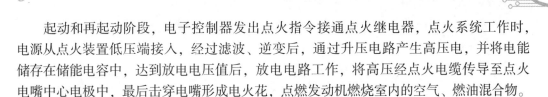

起动和再起动阶段，电子控制器发出点火指令接通点火继电器，点火系统工作时，电源从点火装置低压端接入，经过滤波、逆变后，通过升压电路产生高压电，并将电能储存在储能电容中，达到放电电压值后，放电电路工作，将高压经点火电缆传导至点火电嘴中心电极中，最后击穿电嘴形成电火花，点燃发动机燃烧室内的空气、燃油混合物。

3.4.3　符合性方法

点火系统审定计划涉及对第 33.69 条的符合性验证思路，包括设计说明、可靠性分析、部件试验、整机试验等符合性方法。

设计说明：对点火系统的架构和电气原理图进行说明。明确点火系统包括两个点电嘴和两条独立的次级电路。电气原理图中对点火系统的电气连接进行详细描述，点火系统的控制指令有电子控制器（EECU）提供，而系统的电源由直升机提供。

可靠性分析：通过可靠性分析（包括但不限于功能、失效、安全性和可靠性的分析，分析内容还应包括飞机涉及点火系统的构型项的相关假设）表明点火系统的功能失效率不高于 10^{-6}/飞行小时。

部件试验：点火系统附件（点火装置、点火电缆、点火电嘴）按照 33.91 条的要求开展一系列的附件环境试验，验证在声明的环境和工作条件下能可靠地完成点火系统预期功能和性能。

整机试验：通过发动机地面试验（工作试验、持久试验等）以及高空台试验中进行发动机起动、再起动点火试验，表明点火系统在声明的起动包线范围内的点火能力，验证点火系统的点火功能。在试验大纲中明确起动试验点及试验条件，开展发动机起动试验并进行数据采集和分析（包括记录发动机起动次数、起动成功次数、点火系统的工作情况等），确定地面起动和空中起动包线。

3.4.4　符合性验证活动

按照点火系统审定计划，需要对申请人提交的符合性验证活动及相应的符合性报告进行审查、批准或认可。表明点火系统审定计划的符合性验证活动包括设计说明类、分析类和试验类。

3.4.4.1　设计说明类

申请人对涡轴 16 发动机点火系统的符合性进行了分析说明，其中对于点火系统的架构和电气原理图进行说明，点火系统包括两个点火电嘴和两条独立的次级电路，满足 33.69 条的要求。

在涡轴 16 发动机安装和使用说明手册对点火系统的功能、组成进行了说明，并给出了点火系统各附件的温度限制及维护要求。

3.4.4.2　分析类

（1）可靠性分析

申请人对于点火系统的可靠性分析工作进行描述，主要结论为针对点火电嘴、点火电缆以及点火装置进行了故障模式及影响分析，分析结果满足安全性目标要求。

（2）高空台试验分析

基于相似机型的发动机高空台试验，对涡轴16发动机高空台试验进行了类比分析，给出了发动机起动和再起动试验的试验方法以及起动/再起动试验点，覆盖了涡轴16发动机工作包线。表明了点火系统在声明的起动包线范围内的点火能力，验证点火系统的点火功能和可靠性。

3.4.4.3 试验类

涡轴16发动机完成了发动机150h持久试验制造符合性检查，检查结果符合设计要求，并完成了发动机150h持久试验，在持久试验期间，共计完成196次起动（包括动力涡轮输出轴锁止的起动，即零转速起动，验证点火系统的点火功能和可靠性，表明点火系统满足条款要求。

3.5　附件传动系统审定

3.5.1　概述

附件传动系统CP是涡轴16发动机针对第33.25条的"附加连接装置"而制定的审定计划，适用于涡轴16发动机附件传动系统及相关专业的符合性验证工作和有关研制活动。

3.5.2　验证对象

涡轴16发动机附件传系统位于发动机正前方，后部连接压气机，前部连接的扭矩管是发动机的主安装节，中部轴承管是发动机的功率输出轴。涡轴16发动机附件传动系统主要由前机匣组合、后机匣组合、圆柱齿轮、轴承喷嘴、密封组件等组成。附件传动系统齿轮采用简单，由机匣体与机匣盖合为整体，用自锁螺母与定位销紧固成单元结构，分别传动起动发电机、高低压燃油泵、滑油泵、交流发电机、油气分离器等附件。

发动机附件传动系统的功能主要有：发动机起动时把起动发电机功率传输给燃气发生器转子；发动机正常工作时，提取燃气发生器转子功率，按规定的传动比传递给上发动机上的附件，包括起动发电机、滑油泵/交流发电机、高交流发电机、高/低压燃油泵、油气分离器等；为发动机不提取功率的附件提供安装平台。

3.5.3　符合性方法

附件传动系统审定计划涉及对第33.25条的符合性验证思路，包括设计说明、安全性分析、计算分析、整机试验等符合性方法。

设计说明：根据传动系统的设计规范，明确附件传动连接上的附件（包括燃油泵、滑油泵、交流发电机等）的技术参数以及最大剪切扭矩的限制要求。对燃油泵、滑油泵、交流发电机等附件的连接结构、传动系统和采用滑油润滑的花键、轴承等结构的密封性，以及关于燃油泵、滑油泵、交流发电机等附件的装卸、调整和更换的方式等进行说明。

安全性分析：通过对附件传动系统进行安全性分析，表明附件传动系统的失效不会导致发动机危害性后果。

计算分析：对附件传动系统进行应力和强度分析，表明燃油泵、滑油泵、交流发电机等附件传动齿轮轴满足最大剪切扭矩下的载荷要求。

系统试验：通过传动系统静扭试验，表明发动机机匣在承受极限载荷的情况下，能保持正常工作的能力。

整机试验：通过持久试验验证发动机在附件传动装置和安装构件受载的情况下，能够正常运转，满足整机滑油消耗量要求，且没有不可接受的滑油泄漏和污染。通过发动机振动试验（最大不平衡、共振驻留）表明附件传动系统的抗振能力。通过发动机姿态试验和高空台试验验证在规定的发动机姿态和飞行包线下，发动机附件传动系统能够正常工作，没有不可接受的滑油泄漏和污染。

3.5.4　符合性验证活动

按照附件传动系统审定计划，需要对申请人提交的符合性验证活动及相应的符合性报告进行审查、批准或认可。表明附件传动系统审定计划的符合性验证活动包括设计说明类、分析类和试验类。

3.5.4.1　设计说明类

申请人对涡轴 16 发动机附件传动系统的结构、密封及附件的调整更换方式进行了详细介绍，主要结论如下：

对于安装转动附件的接口位置，在相应的传动齿轮内安装有过盈连接且分解时不拆卸的堵盖，防止带安全保护截面的附件轴（非发动机部件），在工作过程出现断裂后掉入附件传动系统轴承腔损伤发动机。

在附件传动系统与外部连接的各个接口位置通过设置静密封（O 形密封圈）和磁性密封组件进行封严，防止过量的液体和气态滑油泄漏。

在涡轴 16 发动机附件传动系统的零部件设计时，按照接口控制图确定了各个附件的位置，使各个附件之间有合适的空间和间隙，确保在需要时能够按照涡轴 16 发动机安装和使用说明手册、涡轴 16 发动机初步维护手册对发动机运转所需的每个附件进行检查、调整或更换，涡轴 16 发动机在装配间、试验台架和直升机上的多次装配和分解验证了附件传动系统的设计具有很好的维修性，表明对第 33.25 条关于维修性的要求。

3.5.4.2　分析类

涡轴 16 发动机附件传动系统审定计划符合性验证项目分析类包括传动系统密封性分析、轴承鉴定分析、安全性分析、150h 持久试验后仍具备持续工作能力的分析，以及强度、寿命、振动等分析。

（1）密封性分析

申请人表述了涡轴16发动机附件传动系统上三处动密封（分别安装在燃油泵、起动发电机、油气分离器的齿轮轴上），通过O形密封圈和石墨密封环实现封严。结合动密封的设计和150h持久试验验证情况，采用分析的方法，对涡轴16发动机附件传动系统上三处动密封的符合情况进行了说明，表明附件传动系统动密封针对第33.25条的符合性。

（2）轴承鉴定分析

申请人对涡轴16发动机附件传动轴承的鉴定进行了分析，结合附件传动轴承的设计和试验验证情况，采用分析的方法，对涡轴16发动机附件传动系统上的5种共12个轴承的符合情况进行了说明，表明附件传动系统轴承针对33.25条的符合性。

（3）150h持久试验后仍具备持续工作能力的分析

申请人对涡轴16发动机附件传动系统齿轮150h持久试验后仍具备持续工作能力的情况进行了分析。基于齿轮静强度和寿命计算结果，以及静扭试验、150h持久试验、150h持久试验后附件传动系统齿轮持续使用情况，采用分析的方法，表明150h持久试验后的附件传动齿轮仍具有设计预期的工作能力。

（4）安全性分析

在涡轴16发动机空中停车故障数分析中分析了附件传动系统低、高能碎片和着火的影响，后果最严重为发动机空中停车。在涡轴16发动机附件传动安全性分析中，通过对各部件自下而上的FMECA分析，找出了涡轴16发动机附件传动中其他潜在的故障模式、原因和故障影响，并在此基础上，附件传动系统采取相对应的涉及措施，有效消除或减少潜在的设计缺陷，有效避免故障发生或降低其发生的概率。表明附件传动系统满足安全性要求。

针对第33.25条中关于附件安装接口的要求，基于附件传动系统设计和实际装配分解验证情况，采用分析的方法表明了符合性。

（5）强度、寿命、振动等分析

在涡轴16发动机强度分析中，对定义的极限载荷状态下的机匣和齿轮的强度和寿命进行了分析，分析表明机匣和齿轮的静强度安全寿命以及低循环疲劳寿命满足设计要求。

在涡轴16发动机附件传动轴承鉴定分析中，对定义的不同载荷状态下，对轴承进行了强度和寿命分析，表明轴承静强度和寿命满足设计要求。

在涡轴16发动机振动强度分析中，对8个附件传动系统齿轮在稳态转速范围内进行了振动评估，评估结果表明，4个齿轮存在8个转速共振临界点。

3.5.4.3　试验类

涡轴16发动机附件传动系统审定计划符合性验证项目试验类，包括附件传动齿轮共振驻留补充试验、附件传动静扭试验、发动机150h试验、发动机最大不平衡试验、发动机滑油姿态试验，以及发动机滑油中断试验。

（1）附件传动齿轮共振驻留补充试验

由于附件传动系统中有 3 齿轮 5 个共振点未经过试验考核，涡轴 16 发动机附件传动系统进行了共振驻留补充试验。

在涡轴 16 发动机附件传动齿轮共振驻留补充试验大纲获得批准后，审查组完成了制造符合性审查，并签发了用于附件传动齿轮共振驻留试验的适航标签。申请人根据批准的试验大纲，进行了发动机的附件传动齿轮共振驻留补充试验，审查组全程进行了目击。整个试验过程发动机累计起动两次，运行时间长达 2h 以上，试验后分解附件传动齿轮，进行了目视检查、磁粉（无损）检查和尺寸计量，所有附件传动齿轮状态良好，没有发现与共振驻留试验相关的裂纹、异常磨损、损伤和尺寸超差，能够继续正常安全使用。本试验表明附件传动齿轮能满足振动要求。

（2）附件传动静扭试验

申请人在审定计划要求之外，还额外进行了附件传动静扭试验，考核附件传动系统抗扭能力。在中国航发湖南动力机械研究所完成了该试验，试验时在各转动附件的连接处同时施加了 1.2 倍的安全截面剪切扭矩，试验后分解附件传动齿和机匣进行了尺寸计量和无损检查，齿轮和机匣无损检查未发现异常，重要尺寸和形位公差仍在图样规定的范围之内或与试验前计量对比没有明显变化。试验表明附件传动具备要求的抗扭能力。在规定的最大剪切扭矩下，试验后附件传动系统前机匣组合和后机匣组合、以及各齿轮无损检查均未发现异常，进一步验证了附件传动系统机匣和齿轮承受极限载荷的情况下，能保持正常运转的能力。

（3）发动机 150h 持久试验

附件传动系统随整机完成了 150h 持久试验，用于考核附件传动系统在规定的状态下持久工作的能力。试验后对包括附件传动零部件在内的所有发动机零部件进行了分解检查，未发现附件传动系统轴承等零部件有不可接受的机械损伤。验证了附件传动系统在规定的各工况下的持久工作能力。

（4）其他涉及试验

通过发动机最大不平衡试验验证了附件传动系统在规定的最大不平衡条件下的工作能力。通过滑油系统的发动机姿态试验和滑油中断试验，验证了附件传动系统在规定飞行姿态和滑油中断条件下的工作能力。

3.6　持续转动审定

3.6.1　概述

涡轴 16 发动机持续转动审定计划主要针对 CCAR-33-R2 中第 33.74 条 "持续转动" 的符合性验证工作计划进行说明。适用于涡轴 16 发动机持续转动及相关专业的符合性验证工作和有关研制活动。

3.6.2　验证对象

持续转动审定计划验证对象为涡轴 16 发动机主转动系统。

涡轴16发动机主转动系统包括燃气发生器转动系统和动力涡轮转动系统。燃气发生器转子采用1-0-1支承布局，前支点为球轴承，后支点为滚棒轴承。动力涡轮转子采用2-2-0支承布局，前支点为一个球轴承和一个滚棒轴承，后支点为两个滚棒轴承，轴承清单见表3-7。

表3-7　轴承清单

轴承位置	单元体	类型
动力涡轮前轴承（1号）	附件齿轮箱	球轴承
动力涡轮滚棒轴承（2号）	附件齿轮箱	滚棒轴承
燃气发生器前轴承（3号）	燃气发生器	球轴承
燃气发生器后轴承（4号）	燃气发生器	滚棒轴承
动力涡轮后轴承1（5号）	燃气发生器	滚棒轴承
动力涡轮后轴承2（6号）	燃气发生器	滚棒轴承

3.6.3　符合性方法

针对第33.74条"持续转动"，申请人采用分析的方法表明符合性：

（1）对于涡轴发动机持续转动事件中需要考虑的情况，基于相似机型的经验，所有导致发动机持续转动事件中只有以下三种情况：

- 正常条件（未出现叶片丢失和滑油完全中断）；
- 一个叶片丢失；
- 滑油完全中断。

（2）对于在正常条件下的持续转动不会发生任何危险的使用经验，申请人声明，基于相似机型大于1×10^6飞行小时的使用经验，在正常条件下的持续转动不会造成任何危害性后果，这些发动机的使用环境和条件与涡轴16发动机相似，并且这些发动机的持续转动限制转速都不小于5%。

（3）针对轴承和安装节正常工作载荷数据，申请人表明，与正常工作载荷相比，单个叶片丢失造成的最大不平衡载荷对于轴承和安装节来说是可以忽略不计的。

（4）对于在滑油完全中断条件下持续转动不会造成任何危害性后果的分析数据，申请人表明：

- 发动机的安全性分析报告表明，没有任何导致危害性后果的单个失效是由于轴承失效引起的；同时轴承的故障模式影响及危害性分析（FMECA）也表明不会导致危害性后果。

- 在滑油完全中断的条件下，轴承的损伤主要是磨损和剥落，但这种损伤本身发展速度很慢并且与转速成正比。因此在最大为5%的低转速条件下，损伤发展速度更慢。

- 与正常工作载荷相比，持续转动下的工作载荷是可以忽略不计的。

- 如果持续转动发生在滑油完全中断条件下（伴随低滑油压力报警），着陆后在地面维护过程中，需要进行一次发动机短时运转检查，此时任何的轴承损伤就会被发现，因此不会出现任何危害性后果。

3.6.4　符合性验证活动

基于持续转动最大转速为 5% 及其型号经验，申请人分析了涡轴 16 发动机分别在正常条件下（未出现叶片丢失和滑油完全中断）、一个叶片丢失条件下和滑油完全中断条件下的持续转动不会造成任何危害性后果。

审查过程中，梳理了涡轴 16 发动机持续转动分析报告中需供应商支持的内容。2019 年 6 月，审查组向供应商确认了涡轴 16 发动机持续转动分析报告中需供应商支持的内容。

经分析，涡轴 16 发动机在最长的飞行周期内和在预期该发动机不工作的飞行条件下，任何持续转动不会产生第 33.75 条（g）款（2）（i）~（vi）条所描述的任何情况，表明了涡轴 16 发动机符合第 33.74 条要求。

3.7　安全分析审定

3.7.1　概述

涡轴 16 发动机安全分析审定计划包括涡轴 16 发动机安全分析、评估和试验验证等工作，主要针对的核心条款有 CCAR-33-R2 中第 33.75 条 "安全分析"，涉及的条款主要有第 33.4 条 "持续适航文件"、第 33.5 条 "发动机安装和使用说明手册"、第 33.25 条 "附件连接装置"、第 33.28 条 "发动机控制系统"、第 33.29 条 "仪表连接"、第 33.69 条 "点火系统"、第 33.70 条 "发动机限寿件"、第 33.74 条 "持续转动"。

3.7.2　验证对象

涡轴 16 安全分析的项目包括发动机整机、各部件和系统、零组件、软硬件、按照第 33.75 条（d）款识别的安全系统和按照第 33.75 条（f）款识别的项目。安全分析中的失效分析涉及产品失效后引发的二次失效、安全系统和发动机本身共同失效的多重失效以及产品的潜在失效。安全分析中对与典型发动机安装相关的飞机级装置和程序进行了假设，并在安全分析中考虑这些飞机级装置和程序的影响。

涡轴 16 发动机的安全目标来源于飞机、发动机适航规章和型号经验等，在安全分析中考虑的危害性发动机后果包含非包容的高能碎片；客舱用发动机引气中有毒物质浓度足以使机组人员或乘客失去能力；不可控火情；发动机安装系统失效，导致非故意的发动机脱开；完全失去发动机停车能力；故障导致不可控的直升机旋翼超转。

在安全分析中考虑的重要发动机后果包含烧穿机匣，但能表明不可能发展为危害性发动机后果；非包容的低能碎片；发动机向座舱送气中的有毒物质浓度足以降低机组人员的操作效能；导致机组人员不适的振动；发动机支承系统载荷路径丧失完整性，但发动机没有实际脱离；可控火情；较大的无法控制的功率振荡；发动机一个或多个限制值超限；发动机自动控制失效；发动机的主减速器/发动机连接轴破坏；发动机因故障导致永久性无法传输多个发动机安全操作的关键参数至飞机仪表；发动机失去点亮黄色注意灯或红色告警灯的能力；发动机未检测到传输下述某个错误的参数至飞机仪表，发动机安全操作的关键参数至少包括 N_G、N_F、T_4、TRQ 限制值；发动机未检测到传输多个错误的参数至飞机仪表；发动机未检测到错误点亮黄色注意灯或红色告警灯；发动机传输错误的状态监测数据；发动机传输错误的使用监测数据；发动机传输错误的 30s OEI（一台发动机不工作）或 2min OEI 累计计数。

在安全分析中考虑的轻微发动机后果包括 OEI 功率等级不可用；超转停车系统交叉禁止不可用；失去功率控制（LOPC）；非指令的空中停车；指令的空中停车；发动机非指令或指令的功率损失，同时最大可用功率高于声明的最小起飞功率的 70%；发动机非指令的功率损失，同时最大可用率低于声明的最小起飞功率的 70%；发动机永久性无法传输某个发动机安全操作的关键参数至飞机仪表；发动机无法驱动起动发电机；发动机无法传输状态、健康、使用监测数据；发动机传输错误的发动机功率检测结果；控制系统切换到备用控制模式；控制系统切换到备份控制模式。

3.7.3　符合性方法

针对第 33.75 条的安全分析，主要采用安全评估和说明性文件的方法表明符合性。按照安全分析的要求，涡轴 16 发动机构建了安全性评估流程，自顶向下对发动机系统、部件、成附件分配了安全性要求，针对发动机各系统、部件、成附件开展了 FMECA 分析，并以危害性发动机后果、重要发动机后果、轻微发动机后果以及直升机要求的不期望事件为顶事件开展了 FTA 分析，通过系统安全性评估表明了涡轴 16 发动机满足安全分析条款要求。对于安全分析过程中衍生的直升机设备安全分析假设、维修措施和维修间隔、飞行机组人员操作程序等已写入安装使用手册和对应持续适航文件。

安全分析审定计划阐述了第 33.75 条与第 33.4 条、第 33.5 条、第 33.25 条、第 33.28 条、第 33.29 条、第 33.69 条、第 33.70 条、第 33.74 条等的关联关系，其中相关要求的符合性方法如表 3-8 所示。

表 3-8　安全分析审定计划符合性方法

条款	条款名称	符合性验证方法								备注
		MC0	MC1	MC2	MC3	MC4	MC5	MC6	MC9	
33.4	持续适航文件		√							
33.5	发动机安装和使用说明手册		√							
33.25	附件连接装置				√					
33.28 (d)（1）、(d)（2）、(d)（3）、(e)、(f)（2）、(i)（1）、(i)（4）、(j)、(h)、(g)、(m)	发动机控制系统				√					

表 3-8（续）

条款	条款名称	符合性验证方法								备注
		MC0	MC1	MC2	MC3	MC4	MC5	MC6	MC9	
33.29（e）、（f）、（g）、（h）	仪表连接				√					
33.69	点火系统				√					
33.70	发动机限寿件				√					
33.74	持续转动				√					
33.75	安全分析	√	√	√						

3.7.4 符合性验证活动

安全分析审定计划规划了建立安全性评估流程、确定顶层安全性要求、分解安全性要求、FMECA 分析、FTA 分析等符合性验证活动。

涡轴 16 发动机构建了安全性评估流程，按照流程规划，结合适航规章条款要求、直升机要求及使用经验总结确定了安全性顶层要求；根据不期望事件严酷度等级分别归类为危害性发动机后果、重要发动机后果和轻微发动机后果；完成了安全性要求分解工作，并在对应技术规范中定义了各部件、系统、成附件等产品的安全性要求。发动机各部件、系统、成附件等产品完成了 FMECA 和 FMEA 分析工作，确定了各零部件的失效模式、失效率、发动机影响、检测方式、飞行机组人员假定操作程序等。以各危害性发动机后果、重要发动机后果、轻微发动机后果为顶事件开展了 FTA 分析，确定了失效模式的逻辑关系。综合 FMECA 分析中失效模式和失效率以及 FTA 分析确定的失效模式逻辑关系，评估确定涡轴 16 发动机安全性水平满足安全分析条款要求。详见《涡轴 16 发动机安全分析摘要》。

安全分析过程中衍生的直升机设备安全分析假设、飞行机组人员操作程序、维护措施及维护周期等已写入安装使用手册和维护手册，详见《涡轴 16 发动机安装和使用说明手册》及《涡轴 16 发动机维护手册》。

3.8 发动机系统和部件试验审定

3.8.1 概述

涡轴 16 发动机系统和部件试验符合性审定工作主要包括内容：

（1）针对环境验证策划：主要的审查活动包括确定环境验证对象、验证对象的环境验证要求和范围、环境验证的符合性方法、环境验证的符合性验证方法是否全面并合理。

（2）针对环境验证实施开展目击并对符合性证据开展评审：针对符合性验证方法为试验的环境验证科目，主要的审查活动包括评审试验大纲、开展试验制造符合性检查、目击试验、评审试验报告特别是对试验过程、试验数据、试验构型的偏离评审；针对符合性验证方法为非试验的环境验证科目，评审相关分析报告，确定分析的要素、分析的指标是否充分，发现符合性证据。

（3）针对符合性验证总结开展评审：要求申请人针对每一型系统或部件的环境符合性验证情况进行总结，并按照规章要求在发动机安装使用手册中声明系统和部件的安装限制要求，包括但不限于温度限制、振动限制等。

3.8.2 验证对象

3.8.2.1 组成描述

根据规章要求，对于不能按第33.87条的持久试车以及其他33部条款中充分验证的系统、部件及其环境，申请人需在第33.91条发动机系统和部件试验条款中开展额外的验证。申请人首先根据涡轴16发动机的设计特征，发动机的运行环境和状态，系统和部件的安装环境和运行状态，部件的设计特征和材料工艺特性，确定了第33.91条涉及的系统和部件，见表3-9。

表3-9　涡轴16发动机系统和部件试验条款验证对象

序号	所属系统	验证对象
1	控制和电气系统	电子控制器
2		交流发电机
3		燃气发生器出口排气温度热电偶
4		T_1温度探针
5		动力涡轮转速传感器
6		燃气涡轮转速传感器
7		压气机出口压力传感器（两个零件号）
8		扭矩传感器
9		控制电缆
10		控制和监控电缆
11	燃油系统	燃油泵组件
12		燃油计量装置
13		燃油滤芯
14		燃油阀组件
15		燃滑油压力传感器（燃油滤前）
16		燃滑油压力和温度传感器（燃油滤后）
17		燃油滤旁通阀及堵塞指示器

表3-9（续）

序号	所属系统	验证对象
18		高能点火装置
19	点火系统	点火电嘴
20		点火电缆
21		滑油泵组件
22		滑油滤芯
23		磁性屑末检测信号器
24	润滑系统	燃滑油散热器组件
25		燃滑油压力传感器（滑油滤前）
26		燃滑油压力和温度传感器（滑油滤前）
27		放油阀
28		滑油滤网

3.8.2.2 功能描述

涡轴16发动机系统和部件试验条款主要涉及以下系统及其相关部件：

（1）控制和电气系统：发动机控制系统是双通道全权限数字式发动机控制系统，通过发动机电子控制器（EECU）（安装在机身）和燃油计量装置之间的相互作用来实现控制系统功能。控制系统能够完全控制发动机，在飞行包线内能有效地控制发动机运行，并通过预定的自动控制功能，最大限度地减少飞行员的工作量。电气系统包括产生、消耗或传输电能的所有系统或部件，还包括发动机燃油和控制系统的相关部件。

（2）燃油系统：发动机的燃油系统具有燃油供应、过滤、控制、计量、分配和喷射功能，保证发动机的正常运行。

（3）润滑系统：润滑系统是发动机的主要系统之一，主要功能有供油、回油、滑油冷却、通风和工作状态监控。

（4）点火系统：涡轴16发动机点火系统由一个双路输出的高能点火装置，两条点火电缆和两个低电压点火电嘴组成。起动和再起动阶段，点火系统将飞机电源转换成电火花，点燃发动机燃烧室内的空气、燃油混合物。

涡轴16发动机各系统由不同的部件组成，部件名称及主要功能如下：

（1）控制和电气系统

电子控制器（EECU）：集成控制软件，接收和发送控制信号，完成发动机状态控制。

交流发电机：给电子控制器提供电能。

燃气发生器出口排气温度（T_{45}）热电偶电缆：测量燃气发生器出口排气温度。

压气机进口温度（T_1）探针：测量压气机进口温度。

动力涡轮转速（N_2）传感器：测量动力涡轮转速。

燃气涡轮转速（N_1）传感器：测量燃气涡轮转速。

压气机出口压力（p_3）传感器：测量压气机出口压力。

扭矩传感器：测量发动机输出轴扭矩。

控制电缆：发动机与直升机之间的连接电缆，用于高能点火装置，停车电磁阀和磁性屑末检测信号器供电。

控制和监控电缆：发动机与电子控制器之间的连接电缆，实现发动机部件与之间的信号传输。

（2）燃油系统

燃油泵组件：包括由一根轴驱动的低压泵（叶环泵）和高压泵（齿轮泵）以及安全阀；低压泵将燃油从飞机的油箱抽出，通过热交换器和燃油滤之，提供一定压力的燃油给高压泵，高压泵将燃油进一步增压，提供一定压力和流量的燃油给燃油计量装置。

燃油滤芯：燃油滤芯位于高、低压燃油泵之间，用于过滤飞机油箱及燃油管路燃油中的污染物。

燃油滤旁通阀及堵塞指示器：燃油滤旁通阀及堵塞指示器位于高、低压燃油泵之间。当燃油滤前后的压差大于特定值时，旁通阀打开，燃油不经过燃油滤芯过滤直接供往下一级部件。

燃油计量装置：包括压差阀、计量阀、停车电磁阀和步进电机等。计量阀根据电子控制器的指令计量供给发动机所需燃油，并根据电子控制器的指令或驾驶室油门杆关闭信号控制停车电磁阀，关断发动机燃油供给。

燃油阀组件：包括增压阀、优先阀、停车放气阀和起动电磁阀，向主喷嘴、优先喷嘴和起动喷嘴分配燃油。

燃油压力传感器（油滤上游）：用于测量燃油滤前的压力。

燃油压力和温度传感器（油滤下游）：用于测量燃油滤后的压力和温度。

（3）润滑系统

滑油泵组件：为内啮合圆弧-泛摆线泵（内转子泵），由一级供油泵+两级回油泵组成，用于发动机的滑油供回油，在供油泵后设置了切断阀和安全阀。

滑油滤芯：该滑油滤芯为细油滤，设置在总供油路上，用于过滤进入滑油中的污染物，防止其进入到下一个循环。

磁性屑末检测信号器：设置在总回油路上，用于进入到润滑系统中的磁性屑末的探测及报警。

滑油压力传感器：设置在油滤组件中滑油滤前的油路上，用于测量油滤组件前的滑油压力。

滑油压力/温度传感器：设置在油滤组件中滑油滤后的油路上，用于测量油滤组件后的滑油压力和滑油供油温度。

燃滑油散热器组件：位于滑油泵后的总供油路上，包含燃滑油散热器及滑油旁通阀，用于给滑油散热。

放油阀：安装在滑油箱上，用于给滑油箱放油，同时作为发动机在飞机上维护时的辅助支撑。

滑油滤网：金属滤网组成，安装在部件传动机匣上，滑油泵进口前，用于过滤发动机滑油中来自于机械部件的大颗粒，以避免泵的大的损伤。

（4）点火系统

高能点火装置：双路输出结构，储存和释放电能量。

点火电嘴：根据接收的电能量，产生电火花点燃燃烧室内的空气、燃油混合物。

点火电缆：在点火装置和点火电嘴间传送电能量。

3.8.3　符合性思路

33 部第 33.91 条发动机系统和部件试验是否需要开展，取决于其他 33 部条款能否充分验证系统和部件及其预期环境。如果申请人通过合理的分析，充分说明其他 33 部条款能够充分验证系统和部件及其预期环境，则无须在第 33.91 条中开展任何额外的验证。在涡轴 16 项目中，与第 33.91 条密切相关的其他 33 部条款包括第 33.17 条防火、第 33.28 条发动机控制系统、第 33.64 条发动机静承压件、第 33.67 条燃油系统、第 33.68 条进气系统结冰等。申请人对已确定的系统和部件范围，结合其他 33 部条款的验证情况，最终确定了系统和部件试验的符合性思路和验证方法如下：

（1）根据涡轴 16 发动机设计规范，梳理出各部件有关的设计要求和考核指标，确定各个部件系统需求、性能需求、环境需求和环境验证要求等，形成各系统和部件的设计需求文档或者设计规范。

（2）根据设计需求或者设计规范、功能性能要求、安装位置、适航条款等，确定了各个系统和部件的环境验证项，包括：依据第 33.17 条确定的燃油系统部件、滑油系统部件防火耐火能力，在第 33.91 条规划相关部件的防火耐火能力验证；依据第 33.17 条确定的控制系统部件防火耐火能力，结合第 33.28 条局部事件中对于发动机控制系统部件着火后的影响分析，确定发动机控制系统部件防火耐火能力，在第 33.91 条规划相关部件的防火耐火能力验证；依据第 33.28 条控制系统电磁环境验证要求，确定了发动机控制系统部件电磁干扰、高强度辐射场和闪电等试验要求，规划相关系统和部件的验证工作在第 33.28 条中开展；控制系统部件电源试验无对应的其他 33 部条款验证，策划在第 33.91 条中开展；承载和运输流体的燃油系统部件、滑油系统部件，无对应的其他条款验证，策划在第 33.91 条下按照第 33.64 条的压力设置开展验证；燃油系统及其部件在结冰条件下的能力验证，拟在高空台试验中开展，相关验证工作在第 33.67 条中策划；发动机气路上的部件在进气结冰条件下的能力验证，拟在整机结冰试验中验证，相关验证工作在第 33.68 条中策划；其余部件的环境验证工作均在第 33.91 条中开展验证。依据上述分析，确定的发动机系统和部件试验符合性验证方法如表 3-10 所示。

表 3-10　发动机系统和部件试验符合性验证方法

条款	条款名称	符合性验证方法							
		MC0	MC1	MC2	MC3	MC4	MC5	MC6	MC9
33.17	防火			√		√			
33.28	发动机控制系统		√	√		√			
33.67	燃油系统		√	√		√	√		

表 3-10 （续）

条款	条款名称	符合性验证方法							
		MC0	MC1	MC2	MC3	MC4	MC5	MC6	MC9
33.68	进气系统结冰		√	√		√			
33.91	发动机部件试验	√	√	√		√	√		√

3.8.4　符合性验证活动

依据第 33.91 条的要求和符合性思路，发动机系统和部件试验条款符合性的首要工作是开展试验策划并制订审定计划，确定涡轴 16 发动机部件清单、各部件适用的环境验证项目的适用性、符合性方法，以及环境验证项目鉴定试验依据标准，给出符合性验证矩阵。在审查组批准和认可审定计划和试验策划后，申请人可按照符合性验证矩阵开展部件试验，以表明对第 33.91 条（a）和（b）款等的符合性。

在涡轴 16 发动机系统和部件试验符合性验证过程中，审查组首先审查并批准了申请人的系统和部件试验审定计划。后续申请人又提交了系统和部件环境试验符合性验证矩阵及说明报告，审查组发现该报告中的部件清单、部件适用的部分环境验证项目的适用性、部分符合性验证方法，以及环境验证项目鉴定试验依据的部分标准与审定计划存在差异。针对差异的信息，申请人重新梳理了涡轴 16 的设计特征、发动机的运行环境和状态、系统和部件的安装环境和运行状态、部件的设计特征和材料工艺特性、部件环境鉴定范围和标准，以及其他 33 部条款验证情况，修订了取证部件清单。在此基础上，申请人结合合作伙伴以及供应商的技术支持，重新梳理了涡轴 16 发动机各部件环境验证项的适用性（适用/不适用）、符合性验证方法（试验/分析/类比分析）、符合性验证依据的标准版本等相关的差异。针对差异按类别逐条进行差异说明、原因分析、合理性分析，并最终明确了系统和部件环境验证矩阵。

3.8.4.1　部件试验清单及其差异说明

涡轴 16 发动机取证构型部件清单与审定计划中的部件清单存在的一定差异，主要差异如下：燃油压力传感器和滑油压力传感器由于是同一型部件，因此在取证部件清单中通称为燃滑油压力传感器，类似的燃油压力和温度传感器和滑油压力和温度传感器通称为燃滑油压力和温度传感器；压气机进口温度探针、压气机出口压力传感器、燃滑油压力传感器、燃滑油压力和温度传感器由于存在两家供应商，因此该 4 型部件均各有两个零件号；滑油滤旁通阀是不能直接独立拆卸的零件，不属于部件，因此在删除了滑油滤旁通阀；考虑其他 33 部条款不能充分验证滑油滤网的环境，在取证清单中增加了滑油滤网。

3.8.4.2　环境验证项目适用性及其差异说明

涡轴 16 发动机取证构型中 13 个部件的环境验证项目与审定计划中要求的各部件适用的环境验证项目存在部分差异，分别是交流发电机、N_1 转速传感器、N_2 转速传感器、扭矩传感器、T_1 温度探针、T_{45} 热电偶、p_3 压力传感器、电子控制器、发动机电缆（控制电缆、控制和监控电缆）、点火电嘴、燃油滤芯、滑油滤芯。这些部件实际适用的环境验证项目与 CP 中要求的主要差异见表 3-11。

表 3-11　取证构型部件环境验证项与审定计划的差异对比

序号	部件名称	CP 要求	实际环境验证项	差异项
1	交流发电机	21 项	20 项	不适用项：耐压、过压和压力循环 增加项：流体污染，包容性
2	N_1 转速传感器	21 项	18 项	不适用项：耐压、过压和压力循环
3	N_2 转速传感器	21 项	18 项	不适用项：耐压、过压和压力循环
4	扭矩传感器	21 项	18 项	不适用项：耐压、过压和压力循环
5	T_1 温度探针	22 项	17 项	不适用项：耐压、过压和压力循环，防火，进气系统结冰
6	燃气发生器出口排气温度（T_{45}）热电偶	21 项	17 项	不适用项：耐压、过压和压力循环，防火
7	压气机出口（p_3）压力传感器	21 项	19 项	不适用项：耐压、过压和压力循环，防火 增加项：流体污染，进气系统结冰
8	燃油计量装置	23 项	23 项	不适用项：压力循环 增加项：电源试验
9	燃油泵组件	19 项	20 项	不适用项：压力循环 增加项：防水，过热
10	燃油阀组件	23 项	24 项	不适用项：压力循环 增加项：进气系统结冰、电源试验
11	电子控制器	20 项	19 项	不适用项：耐压、过压和压力循环 增加项：流体敏感性，进气系统结冰
12	发动机电缆（控制电缆、控制和监控电缆）	21 项	16 项	不适用项：耐压、过压和压力循环、振动、工作冲击和坠撞安全、恒加速 增加项：电源试验
13	高能点火装置	17 项	18 项	增加项：过热
14	点火电缆	16 项	14 项	不适用项：振动、工作冲击和坠撞安全、恒加速 增加项：过热
15	点火电嘴	20 项	16 项	不适用项：耐压、过压、压力循环、流体污染、防爆 增加项：过热
16	燃滑油压力传感器	23 项	23 项	不适用项：压力循环 增加项：进气系统结冰
17	燃滑油压力和温度传感器	23 项	23 项	不适用项：压力循环 增加项：进气系统结冰

表 3-11（续）

序号	部件名称	CP要求	实际环境验证项	差异项
18	燃油滤芯	15项	10项	不适用项：耐压、过压、压力循环、防火、工组冲击和坠撞安全，恒加速 增加项：过热
19	滑油滤芯	14项	9项	不适用项：耐压、过压、压力循环、防火、工组冲击和坠撞安全，恒加速 增加项：过热
20	燃油滤旁通阀及堵塞指示器	20项	20项	不适用项：压力循环 增加项：过热
21	滑油泵组件	19项	19项	不适用项：压力循环 增加项：包容性
22	磁性屑末检测信号器	19项	21项	不适用项：压力循环 增加项：防爆，电源试验，闪电
23	放油阀	19项	18项	不适用：压力循环
24	燃滑油散热器组件	20项	20项	不适用项：压力循环 增加项：过热
25	滑油滤网	无	19项	

通过对适航条款、可接受的符合性方法，环境验证项的验证目的进一步理解，分析了部件环境验证项变更的合理性，说明如下：

（1）耐压、过压和压力循环环境验证项适用性变更说明

由于耐压、过压和压力循环试验适用于传输或容纳燃油、滑油或者高压气体的所有部件。目前，对于大部分部件设计、材料以及环境，高压气体可定义为大于环境气体压力 $3\sim5$ 倍的气体。考虑到交流发电机、N_1/N_2 转速传感器、扭矩传感器、T_1 温度探针、T_{45} 热电偶、p_3 压力传感器、EECU、点火电嘴、不传输或容纳燃油、滑油或高压气体，因此，耐压试验、过压试验和压力循环试验不适用。燃油滤芯、滑油滤芯安装在油滤组件壳体内，浸泡在液体内，燃油系统内液体的压力与环境之间的压差不会直接作用在滤芯上，滤芯仅承受因流阻而产生从外向内的压差，因此，耐压、过压和压力循环试验不适用。

（2）防火环境验证项适用性变更说明

防火耐火环境验证项适用于与易燃液体（如燃油或滑油）直接接触的部件，或者不接触易燃流体但位于指定火区内并对发动机有安全性影响的部件（如电缆）。T_1 温度探针、T_{45} 热电偶、p_3 压力传感器不直接与易燃液体接触，且在发生着火时，不会造成发动机危害性后果；EECU 不接触易燃流体，且安装在非着火区；燃油滤芯、滑油滤芯安装在油滤组件壳体内，无暴露在外的部分，即使发动机着火也无法直接燃烧到滤芯。综上，防火耐火环境验证项不适用于上述部件。

（3）进气结冰环境验证项适用性变更说明

在大气条件发生迅速变化后，由于凝结水结冰而产生累积的冰块，这些冰块会影响到部件中活动部件的功能。因此，进气结冰只涉及哪些具有活动部件，且活动部件与环境空气或通风直接相连，正常运行过程中会遭遇冷凝水结冰条件的部件。综上，进气结冰环境验证项不适用于 T_1 温度探针。

（4）压力循环环境验证项适用性变更说明

压力循环环境验证项的目的是验证部件在预期寿命内不会由于其暴露在流体压力循环下而出现结构失效，一般用于验证关键件的批准寿命，属于寿命试验的范畴；对于非寿命关键件，应验证其在发动机寿命期限内不需要进行寿命管理。燃油泵组件、燃油阀组件、滑油泵组件、放油阀、燃滑油散热器组件、燃油滤旁通阀及堵塞指示器、燃滑油压力传感器、燃滑油压力和温度传感器、磁性屑末检测信号器、燃油计量装置是视情维护的部件，没有批准寿命且不属于关键件，且压力循环为低循环疲劳试验已在其他系统和整机试验中累计部件压力循环数，故不在第 33.91 条中验证。

（5）振动、工作冲击和坠撞安全、恒加速环境验证项适用性变更说明

控制电缆、点火电缆是柔性部件，不易受瞬态机械载荷的影响；燃油滤芯、滑油滤芯安装在油滤组件壳体内，具有流体缓冲抑制作用。综上所述，振动、工作冲击和坠撞安全、恒加速环境验证项不适用于电缆、滤芯。

（6）流体污染环境验证项适用性变更说明

流体污染环境验证项通常适用于工作在污染燃油、污染滑油和污染空气中的发动机部件，且部件的活动部件、狭窄通道、缝隙等会受到污染物的堵塞等。点火电嘴安装在燃烧室机匣上，用于在发动机起动阶段点燃燃烧室中的油气混合物，其在任何干燥环境下均可以正常工作。点火电嘴中不存在对污染的空气敏感的部件。且点火电嘴开展了湿热、霉菌、盐雾、流体敏感性等试验，也验证的部件材料的耐腐蚀能力。综上，流体污染环境验证项不适用于点火电嘴。

（7）防爆环境验证项适用性变更说明

防爆环境验证项的目的是验证部件不会成为引起蒸汽或易燃流体爆炸的火源。当点火电嘴工作时，其正常功能是在发动机起动阶段产生电火花并点燃燃烧室中的油气混合物；当点火电嘴不工作时，由于其材料是高温合金、陶瓷体等，因此燃烧室内的高温燃气混合物自燃不会引起点火电嘴着火。综上所述，防爆环境验证项不适用点火电嘴。

3.8.4.3　符合性验证方法差异说明

涡轴 16 发动机取证构型中系统和部件试验的符合性验证方法与审定计划存在的一定差异。系统和部件试验的主要目的是证明当系统和部件工作在极端环境和工作条件时发动机系统和部件将在服役过程中满意工作，验证方法可以是试验、分析或者类比。由于供应商有较多在先期取证发动机上使用的系统和部件，这些系统和部件的验证已经在先期取证发动机中开展过，有大量的先期鉴定数据和使用经验，因此部分系统和部件通过分析和类比代替试验来表明符合性。最终，涡轴 16 发动机系统和部件试验符

合性验证方法有试验、分析、类比分析，具体说明如下：

（1）采用试验类的符合性验证方法：是指在先期取证的发动机或现在取证的发动机部件（部件构型号相同）上开展完整试验以表明符合性。

（2）采用分析的符合性验证方法：是指部件未开展试验，完全通过分析（运行环境，材料等）表明符合性；或者部件在以前取证发动机上采用试验/分析/类比分析表明符合性，然后基于运行环境、材料等条件，采用分析的方法表明在先期取证发动机上的系统和部件满足现在取证的发动机的要求；或者拟取证发动机上的系统和部件采用试验/类比分析的方法表明符合性，且试验有部分偏离（如运行环境、材料等），在试验/类比分析后再采用分析表明试验满足取证发动机要求。

（3）采用类比的符合性方法：是指部件在以前取证过的发动机上采用试验/分析/类比分析的方法进行验证，部件在拟取证的发动机上的具有相同设计仅构型号不相同，部件的构型号不同但设计类似。

3.8.4.4 符合性验证依据的标准差异及分析

涡轴16发动机系统和部件试验验证依据的标准与审定计划存在的一定差异，主要分为4个方面：审定计划中策划相关试验依据的 DO-160 版本为 D/E/F/G，而实际开展的环境验证依据的 DO-160 版本有 C/D/E/G；审定计划中要求的高温耐久性、低温耐久性、室温耐久性试验可接受的试验程序分别为 ARP 5757 的 5.1，5.2，5.3 节，而实际采用了 DO-160 第 4 章温度和高度试验表明符合性；CP 中恒加速试验可接受的试验程序为 ARP 5757 的 5.7 节，而实际采用 DO-160 第 7 章工作冲击和坠撞安全试验以及分析表明恒加速试验中损伤评估的符合性，恒加速中的性能评估不适用，具体差异见表 3-12。

表 3-12 取证构型中实际使用的 DO-160 版本统计

序号	部件名称	试验程序版本	新研/沿用
1	电子控制器	DO-160E	沿用先期取证发动机的部件
2	交流发电机	DO-160C	沿用先期取证发动机的部件
3	T_{45}热电偶	DO-160E	沿用先期取证发动机的部件
4	T_1 温度探针	DO-160C	沿用先期取证发动机的部件
		DO-160D	
5	N_2 转速传感器	DO-160C	沿用先期取证发动机的部件
6	N_1 转速传感器	DO-160D	沿用先期取证发动机的部件
7	p_3 压力传感器	DO-160D	沿用先期取证发动机的部件
		DO-160E	沿用先期取证发动机的部件
8	扭矩传感器	DO-160E	沿用先期取证发动机的部件
9	控制电缆	DO-160E	新研
10	控制和监控电缆	DO-160E	新研
11	燃油计量装置	DO-160E	沿用先期取证发动机的部件

表 3-12（续）

序号	部件名称	试验程序版本	新研/沿用
12	步进电机	DO-160G	沿用先期取证发动机的部件
13	停车电磁阀	DO-160G	沿用先期取证发动机的部件
14	燃油泵组件	DO-160E	新研
15	燃油滤芯	DO-160C	沿用先期取证发动机的部件
16	燃油活门组件	DO-160E	沿用先期取证发动机的部件
17	起动电磁阀	DO-160C	沿用先期取证发动机的部件
18	燃滑油压力传感器	DO-160D DO-160E	沿用先期取证发动机的部件
19	燃滑油压力和温度传感器	DO-160D DO-160E	沿用先期取证发动机的部件
20	高能点火装置	DO-160C	沿用先期取证发动机的部件
21	点火电嘴	DO-160E	沿用先期取证发动机的部件
22	点火电缆	DO-160C	沿用先期取证发动机的部件
23	滑油滤芯	DO-160D	沿用先期取证发动机的部件
24	磁性屑末信号检测器	DO-160E	沿用先期取证发动机的部件
25	燃滑油散热器	DO-160C	沿用先期取证发动机的部件
26	滑油泵组件	DO-160E	新研
27	放油活门	DO-160E	新研
28	燃油滤旁通阀及堵塞指示器	DO-160E	新研
29	滤网	DO-160E	沿用
30	滑油滤旁通阀	DO-160E	新研

审定计划中可接受的 DO-160 版本为 D/E/F/G，涡轴 16 发动机实际开展的环境验证项依据了 DO-160 D/E/G 版，部分部件环境验证项使用了 DO-160 C 版。审查组要求申请人针对部件实际开展的环境验证项目与安装环境要求进行对比分析，明确沿用先期取证发动机的系统和部件的环境验证项目以及部件进行环境验证的类别能否满足安装要求的。如能满足，可不需要按照最新 DO160 版本开展部件环境验证；否则部件需重新根据 DO160 最新版本的相关章节和类别等级开展鉴定。

申请人对适航条款、符合性验证方法、试验依据的标准开展了进一步理解和梳理。针对审查组要求，涡轴 16 发动机按照 DO-160C、DO-160D 进行环境验证的部件，申请人通过分析明确了除振动试验之外的其他试验，其在先期取证发动机上的验证要求和范围都已经覆盖了部件在涡轴 16 发动机上的安装和使用要求。

（1）振动试验分析

按照审定计划要求，申请人分析了并明确了所有根据 DO-160E、DO-160G 标准鉴定的部件均已满足振动环境鉴定要求。其余在先期取证的发动机上使用过的部件，其振动试验依据 DO-160C 或者 DO-160D 标准鉴定。考虑到 DO-160G 相对于 DO-160C

的振动测试程序有变化，DO-160G 相对于 DO-160D 考虑了直升机激发的低频测试，因此这部分部件的需要进行振动试验分析，分析部件安装在发动机上时所记录的最大振动等级和部件鉴定试验验证的振动等级是否满足拟取证发动机的使用；分析鉴定试验记录的部件共振频率是否覆盖直升机激励。具体涉及到的部件包括安装在直升机上的 EECU 和 T1 传感器。申请人就上述问题开展了分析，说明了部件按 DO-160C 开展的振动试验，满足发动机安装和使用要求。考虑到知识产权的问题，具体分析不在书中描述。

（2）高温、低温和室温试验依据的标准差异分析

根据 CP 要求按照 ARP 5757 的 5.1 节，5.2 节，5.3 节开展高温耐久、低温耐久、室温耐久试验。高温耐久试验的目的是确认部件在最高环境温度下能正常工作及确认任何由暴露在高温环境造成的可能导致部件失效的损伤。DO-160 第 4 章的温度和高度试验中的地面耐受高温和高温短时工作试验、高温工作试验验证的环境温度已经达到了部件规定的最高环境温度，且实际累计验证时间满足耐久性要求。因此，DO-160 第 4 章的高温试验部分足以表明部件在最高环境温度下的工作能力。低温试验的目的是确认部件在最低环境温度下能正常工作及确认任何由暴露在低温环境造成的可能导致部件失效的损伤。DO-160 第 4 章的温度和高度试验中的地面耐受低温和低温短时工作试验、低温工作试验验证的环境温度已经达到了部件规定的最低环境温度，且实际累计验证时间满足耐久性要求。因此，DO-160 第 4 章的低温试验部分足以表明部件在最低环境温度下的工作能力。室温试验的目的是确认部件在室温下由于超限运行所导致的可能引起部件失效的任何损伤。DO-160 第 4 章的温度和高度试验，以及 AMT 试验等均验证了部件在室温条件下的工作能力。涡轴 16 发动机部件高温、低温和室温试验实际采用 DO-160 第 4 章的温度和高度试验表明符合性。

（3）加速试验依据的标准差异分析

审定计划要求按照 ARP 5757 的 5.7 节开展恒加速试验，恒加速试验的验证过程包括部件损伤和性能评估两方面。在考虑部件在恒加速下的损伤评估时，由于部件暴露在要求的振动或冲击下产生的"g"载荷比暴露在要求的恒加速力下产生的"g"载荷更高，在这种情况下，振动试验或冲击试验同样可以表明部件在要求的恒加速载荷下不会出现损伤。如果需要进行恒加速试验，试验程序可参照 MIL-STD-810 方法 513 的程序 I 或者 ISO 2669 进行。考虑部件性能评估时，部件暴露在恒加速力下的功能验证可以通过试验方法或者分析方法进行；如果无法通过分析得到部件功能，则需要通过试验进行，试验程序可参照 MIL-STD-810 方法 513 的程序 II 或者 ISO 2669。在试验期间，部件必须处于运行状态，将加速度加在部件的 3 个轴向上，同时应进行充分的测量以验证部件运行正常。通常，可以通过分析表明可移动零件的位置不会因恒加速力的影响而使部件不能达到预期的功能。恒加速试验主要考核包含活动零件的部件，许多可移动零件都是闭环控制系统的一部分，因此决定零件位置的定位力是可变的。在闭环控制中，当零件暴露在恒加速力下时，只要有充足的定位力裕度，零件就不会移动。在这种情况下，通过分析来表明可用定位力大于需用定位力是可接受的验证方法之一。实际涡轴 16 发动机部件恒加速采用 DO-160 第 7 章进行了工作冲击和坠撞安全

试验程序 II 及分析的方法表明符合性，根据试验程序 II 的结果及分析可以表明部件恒加速试验的符合性。

3.9　系统专业与其他专业组的协调

航空发动机具有强耦合、强整体、强非线性的特点，因此在条款涉及的技术专题工作中也存在耦合的现象，通常当表明某一条款符合性时无法避免引述其他条款的验证工作作为依据。为提高审查效率，在系统专业审查过程中通过协调技术要求、协调审定资源，促使申请人合理安排人力、物力支持各个 CP 的符合性验证工作。涡轴 16 发动机系统专业符合性相关的专业/专题 CP 包括材料 CP、持续适航文件 CP、防火 CP、关键件 CP、振动 CP、气动性能稳定性 CP、安装和使用说明手册 CP、初始维修检查 CP、超限运行 CP、结冰吞冰 CP，相关符合性验证工作如表 3-13 所示。

表 3-13　符合性验证工作索引

序号	条款	引述 CP	引述符合性报告	所属 CP
1	33.25	润滑系统 CP	涡轴 16 发动机滑油泵组件鉴定分析报告	附件传动系统 CP
		持续适航文件 CP	涡轴 16 发动机第 33.4 条符合性说明报告	
		材料 CP	涡轴 16 发动机第 33.15 条符合性说明报告	
		防火 CP	涡轴 16 发动机第 33.17 条符合性说明报告	
		关键件 CP	涡轴 16 发动机第 33.62 条符合性说明报告	
		振动 CP	涡轴 16 发动机振动分析报告	
		振动 CP	涡轴 16 发动机第 33.64 条符合性说明报告	
		润滑系统 CP	涡轴 16 发动机第 33.71 条符合性说明	
		安全分析 CP	涡轴 16 发动机 33.75 条符合性说明报告	
		气动性能稳定性 CP	涡轴 16 发动机第 33.89 条符合性说明报告	
		整机耐久性 CP	涡轴 16 发动机 150h 试验报告及说明	
2	33.28（a）、（b）（2）、（c）、（h）（2）、（i）、（j）、（k）	安装和使用说明手册 CP	涡轴 16 发动机安装和使用说明手册	控制系统 CP
3	33.28（h）（2）	指示系统 CP	涡轴 16 发动机控制和仪表的隔离	
4	33.28（b）（2）	指示系统 CP	涡轴 16 发动机电气接地分析	
5	33.28（d）（1）、（d）（2）、（d）（3）、（e）、（h）、（i）、（j）	安全分析 CP	涡轴 16 发动机安全分析摘要	
6	33.28（i）（4）	部件试验 CP	涡轴 16 发动机附件环境试验符合性矩阵及说明报告	
7	33.28（b）（1）	气动性能稳定性 CP	涡轴 16 发动机高空台试验类比分析报告	

表 3-13（续）

序号	条款	引述 CP	引述符合性报告	所属 CP
8	33.67（a）	安装和使用说明手册 CP	涡轴 16 发动机安装和使用说明手册	燃油系统 CP
		整机耐久性 CP	涡轴 16 发动机 150h 试验报告及说明	
		气动性能稳定性 CP	涡轴 16 发动机高空台试验分析报告	
		初始维修检查 CP	涡轴 16 发动机加速任务试验报告	
9	33.67（b）	气动性能稳定性 CP	涡轴 16 发动机高空台试验分析报告	
10	33.75（c）	关键件 CP	涡轴 16 发动机第 33.70 条符合性说明报告	安全分析 CP
		超限运行 CP	涡轴 16 发动机第 33.27 条符合性说明报告	
		材料 CP	涡轴 16 发动机第 33.15 条符合性说明报告	
11	33.75（d）	安装和使用说明手册 CP	涡轴 16 发动机安装和使用说明手册	
12	33.75（e）	持续适航文件 CP	涡轴 16 发动机维护手册	
		持续适航文件 CP	涡轴 16 发动机翻修手册	
		安装和使用说明手册 CP	涡轴 16 发动机安装和使用说明手册	
13	33.91（a）	控制系统 CP	涡轴 16 发动机控制系统局部事件符合性分析	部件试验 CP
		振动 CP	涡轴 16 发动机最大不平衡试验报告	
		结冰吞冰 CP	涡轴 16 发动机结冰试验报告	
		防火 CP	涡轴 16 发动机控制系统防火等级分析	
14	33.91（b）	安装和使用说明手册 CP	涡轴 16 发动机安装和使用说明手册	

第 4 章　涡轴 16 发动机审定实施过程中的挑战和应对

涡轴 16 发动机是单转子燃气发生器，是我国首个严格按照民航适航规章标准走完审定流程的民用航空发动机型号。考虑到申请人首次开展民用航空发动机适航工作，系统专业审查组本着"宣传、帮助、监督、检查"，通过多次条款解读宣讲，促使申请人加深对规章条款实质性要求的理解，加深适航意识，将适航要求贯彻到产品设计中，在系统专业设计和验证上向局方表明符合性。

在型号审定实施过程中，审查组曾面对诸多国内外的挑战，特别是系统专业审查涉及国内外的设计、制造、验证供应商较多，不仅给申请人供应商管理带来困难，对审查组开展设计方案、安全分析、系统部件环境试验验证、控制系统、软件和硬件设计和验证，总体实施设计更改和系统安全评估工作的审查也造成巨大的挑战。面对上述挑战和困难，审查组在型号审定实施的过程中不断优化审查方式，坚持问题导向和目标导向，用数据衡量、条款说话，解决安全隐患，切实把好安全关。通过涡轴 16 发动机审查中发现问题、解决问题、总结经验的全过程，申请人和审查组在适航验证、符合性表明、审定思路和判断等方面通过具体实践得到充分的提升，确保了产品的安全性。

4.1　安全分析

针对涡轴 16 发动机的安全分析工作，审查组在故障逻辑、飞发匹配和供应商管理等三方面查找出相应的问题，并在审查过程中重点关注解决。

4.1.1　发动机功率损失事件的评估

针对发动机功率损失事件，审查组发现申请人在最新的飞发接口文件中删除了发动机停车系统由于不适时激活电磁阀"关闭"或"开启"线圈导致的失效，以及超转关断系统由于飞机失效引发不适时激活超转限制器导致的失效。考虑到上述两事件会不同程度地影响了发动机供油规律，导致发动机功率损失的情况出现，审查组认为故障树分析（FTA）存在缺陷，需要重新更新发动机功率损失事件故障树分析。

经审查，审查组确认了可控着火、未检测到的 LOPC、单粒子效应（SEU）、由于控制系统失效造成的空停（但不包含燃油泵和燃油滤）、控制系统指令性空停等事件可以导致发动机功率损失事件的发生。其中发动机停车系统由于不适时激活电磁阀"关闭"或"开启"线圈导致的失效，属于控制系统失效造成的空停，可以导致发动机功率损失事件的发生。同时超转关断系统由于飞机失效引发不适时激活超转限制器导致的失效同样会导致发动机功率损失事件的发生。申请人经仔细核对 FTA 后发现其分析存在缺陷，并在 2019 年 7 月底前完成 FTA 的重新计算，更新的 FTA 结果包含发动机停车系统由于不适时激活电磁阀"关闭"或"开启"线圈导致的失效，随后更新飞发安全性接口文件等相应章节内容等。

4.1.2 无指令单台发动机功率降低评估

针对涡轴 16 发动机的安全分析结果，审查组发现有部分事件的评估结果未满足飞发协调函中直升机的安全目标要求，其中包含飞机主机所提出的关于"无指令单台发动机功率降低到最低保证功率的70%以下同时另一台发动机 OEI 功率不可用""单台发动机丢失单个或多个发动机与平台或主减安装附件""一台发动机某个参数的转换显示错误且不可检测""可抗着火""发动机产生的有害气体通过引气扩散至客舱损害乘客健康""低能碎片非包容"等 6 项要求，供应商提出的关于"非包容的高能碎片""丧失一台或两台发动机状态、健康和使用监测数据的传递""错误传递一台或两台发动机状态监测数据""错误传递一台或两台发动机使用监测数据""错误传递一台或两台发动机 30s OEI 和 2min OEI 累积计数"等 11 项要求。

审查期间，申请人表示飞发协调函中明确了直升机方负责确认发动机方提供的故障树和概率是否满足要求，发动机的安全分析结果已提交飞机主机所和供应商，目前虽未得到任何回复，但申请人认为直升机方已经默认并接受发动机的安全分析结果。

针对上述未满足直升机安全预期目标的事项，审查组认为涡轴 16 发动机安全分析虽然满足 CCAR-33.75 条针对危害发动机后果和重要发动机后果的安全性要求，但会影响预期安装飞机的安全分析结果，导致飞机存在安全隐患。随后审查组发出型号审查信函"涡轴 16 发动机安全分析结果与飞发协调情况"告知直 15 直升机审查组，在直升机审查过程中重点关注，确保直升机获得并接受发动机的安全评估结果，安装涡轴 16 发动机的直升机安全性分析结果满足审查组的要求。直 15 审查组于 2019 年 7 月30 日回复信函表示，针对上述 11 项事件，经过动力系统安全性分析，与飞机动力装置FHA 安全性目标对比，其中 10 项可以满足当前的机上安全性要求。

剩余一项不满足项为无指令性的单台发动机功率降低，可用功率低于最低保证TOP 的 70%，同时，另一台发动机 OEI 功率是不可用的。经直升机审查组分析，涡轴16 发动机安全分析摘要中的分析与计算过程，该事件采用的底事件概率偏保守，如机上单套电源系统丧失采用的失效概率值比实际的小两个数量级，底事件概率保守会导致该事件的评估值较大。后续在直升机审查中将要求发动机方采用直升机方提供的最新数据，并协调确认所涉及的底事件重新计算。

可以看出，发动机型号合格审查过程中，发动机的安全分析如果只关注发动机适航规章的要求，将无法确定发动机配装飞机，实现飞机取证的目标。因此在发动机型号合格审查过程中，鼓励发动机申请人、飞机申请人、发动机审定方和飞机审定方尽早协调安全目标和安全分析的工作，确保发动机在研发过程中同时满足飞机给发动机提出的安全目标，考虑到这一点，发动机的申请人和飞机方的申请人应该就安全目标尽早达成一致，这一点至关重要。

4.1.3 不同直升机方系统和部件发生概率事件的评估

审查过程中，审查组发现针对部分飞机的系统和部件，发动机的安全分析对直升机的要求存在差异，在飞发接口文件中，标注"-AVIC"的部分飞机的系统和部件发生概率比安全分析结果要严格（数值小一半）。申请人表示用"-AH"和"-AVIC"标注不同直升机方的份额，在假设不同直升机方份额是一样的情况下，将整个系统和部件的失效概率除以2得到针对不同直升机方份额的要求，审查组认为因在直升机设计时不同系统有不同的份额划分，将直升机方底事件对分到"-AVIC"和"-AH"并无理论支撑，实际上"-AVIC"和"-AH"的系统和部件在失效概率要求上是完全一致的，其概率要求只出现在飞发接口文件中，在发动机安装使用手册中只有针对整个系统和部件的失效概率的要求，并不区分不同的"-AVIC"和"-AH"。随后审查组发出型号审查信函告知直15直升机审查组，建议直15直升机审查组重点关注，在确定上述各个系统和部件的概率要求时以安装使用手册中的相关内容为准。

直15审查组于2019年7月30日回复信函，表示飞发接口文件与发动机安全分析摘要中对直升机方安全性的假设应该是一致的，如发动机方需要某些直升机方底事件失效概率可以直接向直升机方索要。根据对直升机的安全分析结果，中方份额的直升机方底事件失效概率均小于发动机方在两份文件中的拟定值，满足安全目标要求。通过审查，我们发现安全分析涉及的是整机的系统评估，不能单独在系统层级、发动机层级或飞机层级考虑，需要联系上下层级、同级接口系统进行安全分析工作，加强各方在实际取证工作中的协同是至关重要的。

4.2 系统部件验证

4.2.1 验证对象

根据第33.91条的要求，当第33.87条持久试验不能充分验证系统和部件及其预期环境时，必须对发动机系统和部件开展独立的验证。在确定是否需要开展独立的系统和部件验证时，首先需要确定待验证系统和部件清单以及部件运行环境，明确拟在第33.87条和CCAR-33部其他条款中充分验证的系统和部件，确定第33.91条中对象和范围，最后策划独立开展的系统和部件试验。在确定第33.91条的验证对象时，需要充分掌握部件的设计特征、安装位置、运行环境、构型管理、拆卸和维护方式。

审查期间，审查组与申请人明确了部件定义的原则、发动机型号设计中具有独立功能、能够独立设计和验证、独立构型管理和拆卸维护的部件。审查组与申请人就部件的定义和范围，进行了充分讨论并最终达成一致意见，共同确定了33.91条的验证范围。

4.2.2 部件环境验证项的适用性

部件环境验证项的适用性与部件的设计特征、安装和运行环境、材料特性等都有关系。只有充分了解部件的设计特点，掌握部件安装和运行环境分析能力、了解部件材料特性后，才能制定出合理、全面的环境验证项适用性。

审查过程中，审查组与申请人充分交流了部件的设计特征、安装环境、运行环境，和采用的材料特性，确认了环境验证项适用的原因和合理性。随后与申请人对部件试验环境验证项适用性原则进行了反复论证和迭代，最终给出了部件试验环境验证项适用性变更的合理性说明。

4.2.3 部件试验符合性验证方法

在确定符合性方法是分析/类比/试验或者组合时，或需要分析部件的典型运行环境和条件，或需要相对于前期已使用部件的相似性分析，或需要开展试验验证，才能有效地评估和验证部件是否能够在其声明的包线内正常工作。由于第33.91条适用的部件，绝大部分由供应商负责设计和验证，且绝大部分部件已经在成熟机型中应用。这些部件的验证与部件的设计特征、材料特征有关，且依靠大量使用经验积累数据作为分析工作的支撑。审查组在进行该类部件试验符合性审查时，与供应商充分了解了部件的设计特征、安装环境分析，以及其在除第33.91条之外的其他条款中的验证情况，确认了部件试验各个环境验证项的符合性验证方法，特别是原因及其合理性。随后与申请人对部件试验环境验证项符合性验证方法进行了反复论证和迭代，最终给出了部件试验环境验证项符合性验证方法变更的合理性说明。

4.2.4 耐压试验压力分析要点

耐压试验需要考虑部件的正常工作压力、最大工作压力，同时要考虑温度、材料、和不利几何的影响等。申请人需说明正常工作压力如何选取、在何种发动机工况下计算最大工作压力，以及如何确定温度修正系数、材料修正系数和不利几何的修正。

审查期间，审查组与申请人交流了部件过压试验最大工作压力的选取，并确定了最大工作压力是各个系统存在故障的情况下，分析得出的最大工作压力。审查组通过查阅其材料和温度修正系数的选取原则，确定了部件耐压试验的符合性。

4.2.5 过压试验条件分析要点

过压试验需要考虑部件的最大工作压力、最大可能工作压力，同时要考虑温度、材料和不利几何的影响等。申请人需说明在何种发动机工况下计算最大可能工作压力，在何种失效条件下分析最大可能工作压力，以及如何确定温度修正系数、材料修正系数、和不利几何的修正。

审查期间，审查组与申请人交流了部件过压试验最大可能工作压力的选取，并确定了最大可能工作压力是在单发失效后各个系统存在故障的情况下，分析得出的最大可能工作压力。审查组通过查阅其材料和温度修正系数的选取原则，确定了部件过压试验的符合性。

4.2.6 振动试验分析

部件振动试验中，需要确定扫频的振动频率和振幅，这些点的选取一部分可以参考标准。但标准中给出的振动频率和振幅能否满足实际使用需求，需要申请人评估。审查组在审查期间，对振动试验扫频频率和振幅进行了重点审查。除 DO-160 标准外，申请人根据使用经验和预期安装，增加了 DO-160 之外扫频振幅。审查组通过查阅振动试验的数据，确定了部件振动试验的符合性。

4.2.7 包容性分析

根据规章要求，对于包含高速旋转零件的部件，需要考虑包容性环境需求。首先需要考虑高速旋转零件的部件采用的零件能够达到的最大转速，并计算转子破裂后能够产生高能碎片，以及转子包容机匣的包容能力分析，继而决定是否要开展包容性试验。涉及该项环境验证项的部件包括燃油泵、滑油泵、交流发电机。审查组在审查期间，与申请人及其合作伙伴和供应商，共同就部件的设计细节、材料特性、已取证发动机相关的部件验证情况和使用经验进行了充分交流。特别是对交流发电机包容性进行了仔细查阅，就其高能碎片的分析思路、数据来源、材料使用经验进行详细讨论，最终部件包容性的符合性得以满足。

4.3 燃油系统

4.3.1 燃油污染试验

燃油系统污染试验的条款要求：

"（4）必须规定为防止燃油中外来颗粒进入发动机燃油系统所必需的燃油滤的类型和过滤度。申请人必须表明符合下列要求：

（i）通过规定过滤装置的外来颗粒不会损害发动机燃油系统的功能；

（5）申请人必须验证在燃油被污染到工作中可能遇到的最大程度的颗粒尺寸和密度时，过滤装置具有保证发动机在其批准的极限内继续运转的能力（与发动机使用限制相对应）。必须验证发动机在这些条件下，按中国民用航空局可接受的一段时间内工作，这段时间由下列装置开始指示过滤器临近阻塞时算起：

（i）现有的发动机仪表；

（ii）装在发动机燃油系统的附加装置。"

为满足此条款要求，申请人应进行燃油系统固体污染试验。鉴于涡轴 16 发动机的相似机型已经完成燃油固体污染试验，因此申请人拟采用分析的方法代替燃油系统固体污染试验的方法，表明第 33.67 条关于固体污染的符合性。审查组表示申请人可以选择不同的符合性方法，当采用类别分析的方法表明燃油系统固体污染的符合性时，需要对相似机型的燃油系统固体污染试验情况以及涡轴 16 发动机燃油系统与相似机型燃油系统之间的差异进行详细的分析说明。通过审查，明确了相似机型固体污染试验中验证堵塞指示告警等级的方法、燃油活门等主要部件的构型差异，以及试验构型与考核对象的差异及影响。

审查组在型号审查过程中，并不指定或固定每个条款的符合性方法，符合性方法通常是申请人结合型号项目实际与审查组在审定计划制订过程中共识的方法，试验的方法和分析的方法在表明条款符合性上都是可行的，其安全性目标和要求是不变的，只是审查的侧重点和表明符合性的途径和要素不同而已，需要在型号审查过程中重点关注。

4.3.2　燃油泵组件构型

在发动机取证过程中，用于环境试验振动/工作冲击和坠撞安全试验、耐火试验、压力试验、温度及温度变化试验以及整机试验的燃油泵组件，在验收过程中出现了主动齿轮的装配性不好、产品验收过程中渗油、安全阀硬度低、导电性不满足要求等问题，申请人针对这些问题进行高压泵安装盘更改、安全活门硬度更改、增加铬酸盐处理区域以及调整导电性指标，以提高产品的导电性。

针对上述更改，审查组要求申请人对其进行分析评估，确保不会影响燃油泵的功能性能、接口特性、材料特性以及试验的有效性。经审查组确认此次更改只提高了产品装配性、密封性和导电性，不影响燃油泵的功能性能、接口特性、材料特性，对于已完成的振动/工作冲击和坠撞安全试验、耐火试验、压力试验、温度及温度变化试验及整机试验没有影响。

4.4　滑油系统

4.4.1　滑油油气分离器

申请人在 150h 持久试验中测量的滑油消耗平均值为高于安装和使用手册中规定的限制值。为此，申请人对离心通风器进行了改进设计，产生了新的取证构型。最终取证构型的离心通风器在加速任务试验中进行了考核，在整个加速任务试验中，测得最大滑油消耗量小于安装和使用手册中规定的限制值。审查组确认了最终取证构型的离心通风器，发动机的滑油消耗量可以满足安装和使用手册声明的滑油消耗量限制值的规定。

4.4.2　姿态试验

对于发动机滑油系统，规章 CCAR-33.71 条（a）款中概述，"每一润滑系统在航空器预期使用的飞行姿态和大气条件下，必须能正常地工作"。为表明此条款要求的符合性，申请人需开展姿态试验表明发动机润滑系统在安装和使用说明手册中声明的连续飞行姿态、地面起动和储存姿态下都能够正常工作。

审查组在对发动机姿态试验进行现场目击时，发现在上仰起停姿态试验时，在停车静置几分钟后，分别从尾喷口处泄漏出少量的滑油，后申请人通过监控对滴油量进行了确定，3 个上仰起停姿态的滴油量不满足试验大纲——"在发动机起停姿态试验时，轴承区域无外部的滑油泄漏"这一要求。事件发生后，申请人对于试验后发生滑油泄漏是否满足条款要求与审查组意见不一致，经过充分沟通与讨论，双方达成一致意见，在以下两方面开展补充分析及计算工作：

第一部分，审查组要求申请人分析外部滑油泄漏是否对发动机和直升机的安全运行造成影响。针对此要求，申请人通过分析表明这种静置后的少量滑油泄漏不会对直升机本体造成安全影响。

第二部分，审查组要求申请人通过计算分析或试验的方式重新表明合适的起停姿态的限制角。申请人结合试验中泄漏的滑油量以及后轴承腔的三维模型，以在起停姿态任何阶段（包括静置）不发生滑油外部泄漏为目标，对发动机起停姿态上仰角进行了计算分析，找到满足停车静置后滑油不泄漏的角度，并考虑裕度问题，得出新的起停姿态的限制角。最终，涡轴 16 发动机安装和使用手册中声明了经确认的起停上仰姿态角。

在此符合性工作的表明过程中，审查组坚持规章要求，严格依据试验大纲判断试验有效性，要求申请人修改安装和使用手册中的不满足试验大纲的姿态限制，明确了姿态试验的通过准则。

4.5　附件传动系统

对于附件传动系统，条款要求"发动机在附件传动装置和安装构件受载的情况下，必须能正常地运转"。为满足条款要求，需要对附件传动系统进行强度和寿命计算，识别齿轮的共振临界点，在此临界点上进行共振驻留试验。根据《涡轴 16 发动机振动强度分析报告》中对 8 个附件传动系统齿轮在稳态转速范围内进行了振动评估，评估结果表明，4 个齿轮存在 8 个转速共振临界点。部分齿轮 150h 持久试验和加速任务试验中已经得到验证，但有部分齿轮还没得到验证，故需要补充进行共振驻留试。

2019 年 03 月 24 日，涡轴 16 发动机根据经局方批准的《涡轴 16 发动机附件传动齿轮共振驻留补充试验大纲》的要求，在株洲进行了发动机的附件传动齿轮共振驻留补充试验，局方进行了制造符合性检查和全程目击。整个试验过程发动机累计试验 2次，运行时间 2h20min。第 1 次试验过程中，出现了功率提取突然为零的状况。考虑到

发动机功率提取是试验通过的必要条件，审查组果断中断了试验。试验停止后，审查组要求申请人分析功率提取突然为零的原因，并积极与申请人寻找原因，最终定位原因是功率加载柜控制通信中断故障。为保证第 2 次试验顺利通过，试验中更换功率加载柜，试验再次开始后，审查组要求申请人从中断试验的试验点继续试验，补做相应的时间。最终试验顺利开展，总运行时间满足试验大纲的要求。

在项目取证的关键时期，审查组遵从适航规章要求，坚决要求申请人补做传动系统共振驻留试验，反映了审查组遵循条款实质性要求，坚守安全底线的原则。

第5章 收获和展望

涡轴 16 发动机自 2010 年 4 月递交型号合格证申请，至 2019 年 9 月获得型号合格证，历时近 10 年。系统专业审查组成员历经系统审定的整个过程，发现多项安全隐患问题，通过敦促申请人设计更改保证安全性，补充验证消除安全隐患，总体提升了申请人和审查组在航空发动机系统安全专业的能力。审查过程中形成的符合性验证方案思路和审查方法对同类产品的取证过程具有借鉴作用。

涡轴 16 发动机系统专业适用的审定基础包括 CCAR-33-R2 中的 11 个条款，为了满足条款的要求，系统组总计编制了 12 份审定计划，审查组按航空器型号合格审定程序要求开展了相关符合性审查工作。经审查，确认涡轴 16 发动机系统专业的设计及其验证结果符合其审定基础要求，除持续适航文件暂不完备外，无不符合项或遗留问题。通过涡轴 16 的型号审查工作，加深了审查组对于系统条款的实质理解，对于条款的要求、可接受的符合性方法和验证思路的研究得到了实践应用。尤其是一些试验类（如发动机姿态试验、中断试验、传动系统共振驻留试验等）的工作，基本上都是国内第一次按照 CCAR-33-R2 中规章完成的涡轮发动机取证试验，涡轴 16 的取证过程充分体现了适航符合性能力和适航审定能力的全面提升。

但此次审查工作还有一些系统组条款要求的难点未得到实践，例如，燃油系统瞬态结冰试验。因瞬态结冰试验主要针对的是涡轮风扇发动机，因此涡轴 16 发动机不适用此要求，现有形成的符合性验证思路并没有得到验证，后续将通过在审的涡扇发动机的适航验证项目进行攻关。

另外，在此次涡轴 16 发动机的审查工作，试验过程中出现一些其他因素影响试验的进行或试验结果不满足要求的情况；在取证阶段后期才识别出还有一些符合性验证工作不满足要求，需要补充试验的情况。可以看出审定计划的重要性，涡轴 16 发动机的审查经验对后续型号项目的审查实施具有重要的指导意义，在概念设计阶段，审查组和申请人要深入对发动机设计的熟悉，加强对条款理解和符合性验证思路的交流，充分识别潜在的风险和问题，制定详细的解决措施。

5.1 增强部件试验策划能力

随着涡轴 16 发动机系统和部件试验符合性审查工作的开展，审定组制定了详细的系统和部件试验符合性审查思路并向申请人进行了宣贯，就审查思路与申请人达成一致意见。审查组依据规章要求以及符合性思路，向申请人提出具体的符合性要求，具体如下：

（1）明确涡轴16发动机部件的定义并给出部件清单，解决第33.91条的验证的部件不确定的问题。

（2）确认部件的设计特征、安装环境、运行条件、部件采用的材料特性等，结合安全性分析过程确定的部件研制保证等级（DAL），以及部件的失效模式，确定每个部件的环境验证项适用性。

（3）根据（2），确定部件运行环境及其分类以及明确每一个环境项的验证范围。

（4）结合第33.87条持久试验和CCAR-33部中其他条款，确定在CCAR-33部其他条款中验证的环境及其范围，继而确定在第33.91条下验证的环境及其范围。

（5）根据部件的使用经验、材料特性等，确定部件采用分析、类比、试验或者组合的方法表明符合性，并给出验证方法选择的合理性说明。

（6）针对不同的符合性验证方法，开展符合性审查。

申请人根据审查组的符合性思路，就涡轴16发动机部件环境试验符合性工作进行了再次梳理，识别出若干问题，这些问题集中体现在：

（1）部分验证对象遗漏：项目初期发动机部件的定义缺失，导致33.91条验证对象不明确，部件范围不清晰，存在验证对象遗漏的问题；经过审查组和申请人的共同努力，最终明确了第33.91条所要验证的部件范围为具有独立功能、能够独立安装拆卸并能独立进行构型管理和维护的件；因此相对于项目初期规划，最终涡轴16部件清单增加了滑油滤网部件。

（2）部分环境验证项遗漏：涡轴16发动机系统的大部分部件由合作伙伴和供应商设计制造，对于部件高温、低温、室温、温度高度、热循环、压力循环、恒加速等验证项目的适用性存在识别不充分的问题。审查组就上述几项环境验证项的典型运行工况、验证要求，与申请人进行了充分沟通，并最终明确了上述环境验证项的适用性。

（3）部分符合性验证方法不合理：由于部件的符合性验证方法可以包括分析、类比分析、整机试验、系统试验和部件试验或者前述的组合，审查组给出了符合性验证方法的选择原则；申请人及其合作伙伴和供应商，根据审查组的要求，结合部件的使用经验和材料特性，重新处理了符合性验证方法，更正了不合理的符合性验证方法。

（4）部分符合性验证依据的标准差异说明分析不合理：由于部件环境验证对应的工业标准和标准的版本较多；在采用确定版本的工业标准表明环境验证的符合性时，需要给出标准与适航要求的匹配性分析，即分析按照工业标准开展部件环境验证是否能够充分验证部件在其预期环境中正常工作。审查过程中，审查组发现申请人最终试验采用的工业标准及其版本与项目初期双方达成的一致意见有所偏离，要求申请人从标准对应的试验科目、试验类别、试验条件、试验指标进行分析，明确了标准与适航要求的匹配性，从而间接表明了环境试验的符合性。

（5）具体环境验证项和符合性验证方法的审查要点不清晰：审查组梳理了各个环境验证项的审查要点清单，就每一个审查要点均与申请人达成一致意见，例如过压试验最大可能工作压力的选择是否考虑了单发失效后各个系统存在的失效等；包容性试验高能碎片分析时修正因子是否考虑了材料、尺寸因素等；申请人根据审查组的意见，联合其合作伙伴以及供应商，重新对部件试验符合性证据进行了分析和梳理，向审查组表明了符合性。

经过涡轴16发动机系统和部件试验适航审定，并结合多年的发动机部件环境试验规章研究，适航审定中心制定了民用航空发动机系统和部件环境试验适航符合性审查策略，该策略给出了民用航空发动机部件的范围，梳理了部件运行环境及其分类，说明了环境试验适用性确定依据，描述了符合性验证方法选择及其确定原则，针对具体部件环境试验给出了适航审查要点，确定了环境试验符合性适航审查思路，并通过涡轴16项目完整实践了发动机系统和部件试验审查的全流程，验证了该审查策略合理可行，审查要点切实正确，能够有力地支撑发动机系统和部件环境试验符合性审查工作的开展。

5.2 提升系统安全评估能力

涡轴16发动机是我国首个严格按照适航规章完成审定流程的民用航空发动机，通过适航条款验证、表明过程，申请人在系统安全方面得到了显著的提升，包括搭建安全分析流程、危害发动机后果和重要发动机后果的识别、安全分析中故障树中各个顶事件分解的故障逻辑、共模分析技术和方法、失效概率数据评估等。

5.2.1 安全分析流程

根据第33.75条的要求，申请人应确定安全分析流程和方法，识别危害发动机后果和重要发动机后果，并根据发动机安全目标规划主要的符合性验证工作项。审查组确定了涡轴16发动机的安全分析流程和符合性验证工作项，明确发动机以及控制系统安全性要求来源于适航规章，同时来源于配装直升机制造商，直升机制造商通过功能危害分析给出发动机方不期望事件（UE事件）。各系统或成附件安全性目标在实现过程中，通过互补，相互妥协调整，最终满足UE事件的安全性要求。针对共因分析（CCA），控制系统开展了共模分析（CMA）工作，在故障树中直接明确"与门"事件的独立性。

针对所有安全目标识别的事件，申请人开展了故障树分析工作，针对发动机所含零部件开展了故障模式影响分析（FMECA）工作，并将其结果写入发动机安全性分析摘要报告中。同时将发动机/直升机安全性接口文档提供直升机方，并在安装和使用说明手册中明确安全分析的所有假设。

涡轴16的危害性发动机后果中包含了一项不属于发动机适航规章要求范围内的事

件，即"故障导致不可控的直升机旋翼超转"，实际上该事件主要来源于 EASA CS-E AMC 510（E）中的重要发动机后果"Generation of thrust greater than maximum rated thrust"，由于该事件对于直升机而言，危害性大于固定翼飞机，因此需要将该危害性等级从重要的发动机后果提高至危害性的发动机后果。可以看出在识别涡轴16发动机危害性后果的过程中，申请人不仅需要考虑发动机规章本身的要求，还要考虑飞机层面的要求，以确保发动机可以安装在预期机型上并安全运行。

5.2.2　故障逻辑

根据第33.75条的要求，申请人应对任何有关失效和可能的失效组合的假设进行验证，如果必要，应通过试验进行验证。

审查组确认了安全分析中故障树中危害性和重要发动机后果顶事件分解的故障逻辑，通过审查明确了空中停车的分类；暴露因子在评价闪电或单粒子效应（SEU）影响的作用；不可用 OEI 功率故障的等级；着火涉及的冷区和热区划分、结合不同区域、不同程度的可燃液体泄漏量确定的着火暴露因子、通过检测方法和熄灭方式判断不可控着火（由未检测的着火和不能熄灭的着火导致）和可控着火以及结合着火因子给出具体概率的方法；烧穿机匣故障涉及的可燃物和机匣的范围；螺栓断裂导致安装节失效的故障逻辑；压气机、高压涡轮和低压涡轮中高能碎片（HED）和低能碎片（LED）非包容的范围；导致机组不舒适的振动等级；电子控制系统与软硬件之间的故障传递；发动机为支撑直升机方完成特殊风险分析（PRA）和区域安全分析（ZSA）应该进行的符合性工作等，丰富了工业方和审查方的经验。

5.2.3　可靠性数据

根据33.75条的要求，申请人应通过安全分析方法给出定量的危害发动机后果和重要发动机后果发生概率，并满足极小可能和微小可能的要求。审查组对标涡轴16发动机危害性后果和重要后果以及直升机方提出的不期望事件开展 FTA 审查，重点关注关键系统和部件的故障失效及影响分析，故障逻辑合理性和全面性，顶事件是否满足规章安全性要求的问题。审查发现安全分析数据多依赖于申请人以往型号的失效经验和数据统计，可见已有型号的服役经验的搜集、反馈和分析对发动机系统安全评估的重要性。

5.3　制定限制把好安全运行关

针对持续转动条款的符合性验证工作，在审查后审查组发现涡轴16发动机中并未进行试验验证，为确保发动机在实际运行中的安全性，审查组分析指定了相关的使用限制"正常运行状态下发动机不允许出现持续转动，如果出现持续转动，发动机最大的燃气发生器转速和动力涡轮转速应低于5%"，并在型号合格数据单（TCDS）中特别注释，以限制发动机持续转动发生时航空器的飞行速度。

　　总之，随着技术的发展，将有更多新材料、新工艺、新技术引入到发动机型号研制过程中。伴随着产品服役数据的积累，新的失效模式、新的运行条件不断被识别，发动机的系统专业审查要点和符合性工作将存在差异。适航审查需要结合具体情况，积累和优化各个条款和专题验证项的审查要点，不断优化民用航空发动机系统专业的适航审查策略，制定新的全面的审查指导政策，指导工业实践。